第二次青藏高原综合科学考察
西藏蜜蜂类图鉴

牛泽清　吴清涛　周青松　张丹　朱朝东　著

中国林业出版社

图书在版编目(CIP)数据

第二次青藏高原综合科学考察西藏蜜蜂类图鉴 / 牛泽清等著.
— 北京：中国林业出版社，2022.5
ISBN 978-7-5219-1587-7

Ⅰ.①第… Ⅱ.①牛… Ⅲ.①蜜蜂-西藏-图集
Ⅳ.①Q969.557.7-64

中国版本图书馆CIP数据核字(2022)第039865号

出　版	中国林业出版社
	（100009 北京西城区德内大街刘海胡同 7 号）
印　刷	北京中科印刷有限公司
发　行	中国林业出版社
电　话	（010）83143545
版　次	2022 年 5 月第 1 版
印　次	2022 年 5 月第 1 次
开　本	787mm×1092mm　1/16
印　张	29.5
字　数	610 千字
定　价	360.00 元

序一

蜜蜂类昆虫是膜翅目蜜蜂总科中除泥蜂类以外所有类元的总称，由于其自身独特的结构和特殊的生活方式，在取食的同时，帮助被拜访的植物完成授粉过程。蜜蜂传粉在农业生产和维持陆地生态系统稳定中起着重要的作用。

青藏高原幅员辽阔，具有独特的自然条件和丰富的自然资源，是全国乃至全球生物多样性研究的热点地区之一，其中传粉昆虫的多样性研究更是备受关注。

"蜜蜂类传粉昆虫"子课题围绕青藏高原亚洲水塔区及喜马拉雅区中的农牧交错区，开展传粉蜜蜂类的资源调查，旨在摸清青藏高原亚洲水塔区及喜马拉雅区内农牧区蜜蜂物种多样性的组成和特点，分析高原农牧区蜜蜂资源现状，确定优势蜜蜂物种，为青藏高原传粉昆虫的可持续利用提出建议和措施。

"蜜蜂类传粉昆虫"子课题研究团队从 2019 年开始在青藏高原农牧区开展蜜蜂类传粉昆虫资源的野外调查，至 2021 年共计调查时间 176 天，自驾采集里程超过 43 700 公里，通过马来氏网诱集、黄盘诱集、扫网等不同的采集方式，获取了大量的蜜蜂类传粉昆虫标本和本底数据，共计采集蜜蜂总科蜜蜂类标本 22 500 余号（其中干制针插标本 11 799 号），全面系统地调查更新了西藏地区蜜蜂种类的分布记录，对青藏高原蜜蜂类昆虫多样性格局与适应性进化等研究提供了重要支撑，为青藏高原蜜蜂类传粉昆虫的系统分类奠定了重要基础，同时为西藏生物多样性保护提供了本底资料。

  本图鉴是在"第二次青藏高原综合科学考察研究"专项的支持下，基于2019—2021年3年野外考察获取的标本，由著者们将已鉴定种类的千余幅特征图汇集而成，本图鉴共记载了西藏蜜蜂类物种139种，隶属于6科26属，包括9个中国新记录种、47个西藏新记录种和4个种的新描记；每个物种提供了学名、中文名、原始文献目录、鉴别特征、形态特征图、地理分布及拜访植物的信息。本书图文并茂、内容翔实，对读者识别西藏地区的蜜蜂类物种具有重要的指导作用，对农林业生产具有重要的应用价值。

  作为"第二次青藏高原综合科学考察研究"专项——"高原动物多样性保护和可持续利用"专题——"青藏高原农牧昆虫资源调查与可持续利用评估"课题负责人，非常感谢"蜜蜂类传粉昆虫"子课题团队成员在课题实施3年来辛勤的付出和不懈的努力；为著者们马不停蹄工作，在短时间内总结"第二次青藏高原综合科学考察研究"所取得的成果，并将西藏地区蜜蜂类昆虫编著成为图鉴而倍感高兴。受邀为《第二次青藏高原综合科学考察西藏蜜蜂类图鉴》一书作序，我感到非常荣幸也非常乐意。在此，向参加"第二次青藏高原综合科学考察"的各位子课题组成员致以崇高的敬意！衷心祝愿本图鉴能早日出版！

中国科学院动物研究所研究员
"青藏高原农牧昆虫资源调查与可持续利用评估"课题负责人
2021年12月18日于北京

序二

生物界中植物和昆虫是密不可分的伴侣，早在18世纪以前，多位著名学者特别是达尔文的两部经典著作，即1862年发表的《被昆虫传粉的兰科植物的各种适应性》和1876年发表的《植物界的自花与异花授粉》中对植物和昆虫之间的关系给予科学的解释。传粉媒介中，水、风及脊椎动物的传粉作用远不如个体小且数量多的昆虫。植物和昆虫的演化不是单向进行的，而是在相互作用及相互适应中协同进化，因而构成当今色彩缤纷的生物界。

生物多样性是当前国际合作和国内研究的热点方向之一。蜜蜂总科昆虫是传粉媒介昆虫中最具经济价值的昆虫，是生物多样性调查与研究的重要组成部分，也是可持续发展农业和畜牧业的组成部分。

西藏高原是亟待探究生物多样性的珍稀地区，20世纪70年代中国科学院组织青藏高原科学考察后较少有学者再度涉足该地区。2019—2021年在"第二次青藏高原综合科学考察研究"期间"蜜蜂类传粉昆虫"研究子课题成员连续数年自驾前往该地区，行程4万余公里，采集并制作蜜蜂类干制针插标本2万余号，并记录了相关蜜蜂种类拜访的植物信息。今著者们将已鉴定的种类及千余幅特征图汇集成为一部珍贵的图鉴，记载西藏蜜蜂类物种139种，隶属于6科26属，包括9个中国新记录种、47个西藏新记录种及4个种的新描记，图文并茂、内容翔实，更新了西藏地区蜜蜂种类的分布记录，将为西藏高原生物多样性的研究及后续青藏高原地区蜜蜂类传粉昆虫的研究提供基础研究资料；如与过去已有记录的西藏百余种蜜蜂总科种类进行汇总分析，将为探索西藏高原隆起及周边山川的物种分布规律提供宝贵资料。

作为一名已退休多年、曾致力于中国蜜蜂总科分类的研究人员，看到著者们辛勤的工作甚感欣慰，也为中国蜜蜂类研究后继有人而感到高兴。衷心地祝贺《第二次青藏高原综合科学考察西藏蜜蜂类图鉴》一书顺利出版，我也乐意受邀并为此书作序。

中国科学院动物研究所研究员（已退休）

2021年12月8日于北京

序三

最近的一项全球评估显示，87.5%的被子植物依赖无脊椎动物或脊椎动物传粉。传粉者具有重要的生态学功能，其在植物的繁衍生息和多样性维持、与其他生物的关系以及农业生产等方面都非常重要。

已有研究表明，最主要的传粉者是蜜蜂类昆虫。传粉蜜蜂类昆虫属于昆虫纲膜翅目，是唯一成虫和幼虫都依赖于花资源的昆虫。自然分布的蜜蜂类昆虫经历了与开花植物长期协同进化和适应的过程。本地开花植物的组成和物候与蜜蜂类昆虫的生物学特性之间形成了紧密的相互适应关系。蜜蜂类昆虫浓密的体毛使它们成为生态系统中重要的传粉者。传粉者丰富度和多样性的维持对于农业服务和生态功能都非常关键。全球已描述的广义蜜蜂包含了约2万个物种，其中包括我们熟知的蜜蜂属（*Apis*）昆虫，即狭义蜜蜂。

多项研究发现，传粉者多样性与丰富度在区域和全球范围内都有所下降。在欧洲和北美洲，传粉者多样性和丰富度下降的案例主要来源于蜜蜂类昆虫，并且基本以分类学和地理学数据为基础。一般认为，杀虫剂、气候变化、疾病会导致传粉者多样性下降，土地使用方式的改变引起的植物多样性丧失很可能是更为主要的因素。然而，我国在这方面的研究包括评估传粉者的物种多样性、受威胁程度和传粉功能,都由于缺乏基础科学数据而进展缓慢。

习近平总书记在中央第七次西藏工作座谈会上强调,保护好青藏高原生态就是对中华民族生存和发展的最大贡献。青藏高原生态类型从最低的亚热带生态系统一直延续到高山的高寒生态系统,跨越了多个生态系统类型,具有独特的物种多样性。开展对青藏高原传粉昆虫多样性的研究,特别是对农林交错带、农牧交错带的研究,对于维持该地区生物多样性和生态安全具有重要意义。

朱朝东研究团队,在"第二次青藏高原综合科学考察研究"("高原动物多样性保护和可持续利用"专题—"青藏高原农牧昆虫资源调查与可持续利用评估"课题—"蜜蜂类传粉昆虫"子课题)的资助下,历时3年,在青藏高原的拉萨地区、日喀则地区、山南地区、那曲地区、阿里地区等的农牧交错区,系统开展了传粉蜜蜂类的资源调查,共计采集蜜蜂类标本22 500余号。该团队在考察之初,就计划在分类学工作的基础上,整理并用图鉴的方式呈现西藏蜜蜂类传粉昆虫。经过团队成员卓有成效的努力,编撰完成了《第二次青藏高原综合科学考察西藏蜜蜂类图鉴》,包含目前已鉴定出的西藏蜜蜂类139种,隶属于6科26属,其中9种为中国新记录种、47种为西藏新记录种及4个新描记,配以千余幅标本特征图和生态图片,并提供了每个物种的学名、原始文献目录、鉴别特征等基础信息。

我相信,这些工作将为后续进一步研究青藏高原传粉昆虫多样性及其区域分异规律、传粉昆虫—植物之间的互作网络奠定坚实基础。同时,我也希望团队能够加强和当地科研人员的合作,推动墨脱和吉隆等地生物多样性工作站的发展,进一步提升包括传粉昆虫在内的生物多样性监测和生态功能的定位研究工作。

期待《第二次青藏高原综合科学考察西藏蜜蜂类图鉴》早日出版。

中国科学院植物研究所研究员
世界自然保护联盟(IUCN)理事兼亚洲区会员委员会主席
Species 2000 国际项目董事会成员
中国科学院生物多样性委员会副主任兼秘书长

2021年12月31日于北京

前 言

  青藏高原北起昆仑，南至喜马拉雅，西自喀喇昆仑，东抵横断山脉，地域辽阔，面积约为全国面积的四分之一，具有独特的自然条件和丰富的自然资源，是全国乃至全球生物多样性研究的热点地区之一。

  青藏高原特殊的地理位置以及独特的自然景观，使得该地区昆虫区系十分复杂，有许多未知的类群、未知的分布和未知的演替规律。近年来，青藏高原承受的人类活动压力逐渐加大，有些地区生态平衡可能遭到了不同程度的破坏。自第一次青藏高原综合考察四十余年以来，国家再未对青藏高原组织过系统而全面的科学考察，尤其是昆虫多样性的调查与可持续利用评估工作尚未系统地开展。

  蜜蜂类（Bees）昆虫是膜翅目（Hymenoptera）蜜蜂总科（Apoidea）中除泥蜂类（Sphecoid wasps）以外所有类元的总称，目前全世界已记述的种类达 20 900 余种。蜜蜂类在采集花蜜及花粉的同时，往往将雄花花药上的花粉粒传递到另一朵雌花的柱头或胚珠上，完成授粉过程，促成植物结出果子（种子），帮助植物完成世代繁衍的任务，在农业生产和维持陆地生态系统的稳定中起着重要的作用。蜜蜂类昆虫的成虫体小至大型，体长 2.0～39.0 mm；头式下口式，具嚼吸式口器；大多数种类触角雌性 12 节，雄性 13 节；前胸不发达，前胸背板短，在背后侧方具前胸叶突，向后延伸但不达翅基片；中胸具两对膜质的翅，前后翅均具有多个闭室，前翅上有一径褶，亚缘室 2~3 个（个别类群不具亚缘室），后翅具扇叶，通常臀叶也存在；腹部第 1 节与后胸合并，形成并胸腹节；腹部一般可见背板节数为 6 节（雌）或 7 节（雄）（隧蜂科雌性腹部外露背板 5 节）；除少数种类体光滑裸露或具金属光泽外，大多体被羽状的毛或毛带；采粉器官发达，着生于后足各节或腹部腹板上。蜜蜂类在亲缘关系上与泥蜂类最为接近，二者共同构成蜜蜂总科的观点现已被多数学者所接受。两者的主要区别在于：蜜蜂类体具分叉或羽状的毛，后足基跗节宽于跗节其他各节；泥蜂类体毛简单、不分叉，后足基跗节与跗节其他各节几乎等宽。根据 Michener（2007）的分类系统，中国目前已发现分布有蜜蜂类的蜜蜂科（Apidae）、切叶蜂科（Megachilidae）、分舌蜂科（Colletidae）、地蜂科（Andrenidae）、隧蜂科（Halictidae）和准蜂科（Melittidae），共 6 科 14 亚科 72 属，种类估计 2000~3000 种，已记述的种类达 1430 余种。

子课题"蜜蜂类传粉昆虫"（2019QZKK05010605）隶属于"第二次青藏高原综合科学考察研究"任务五"生物多样性保护与可持续利用"专题"高原动物多样性保护和可持续利用"的课题"青藏高原农牧昆虫资源调查与可持续利用评估"。子课题的主要科考内容是在课题的实施过程中，围绕青藏高原亚洲水塔区及喜马拉雅区所属的拉萨、林芝、日喀则、山南、那曲、阿里等地区中的农牧交错区，开展传粉蜜蜂类的资源调查，构建相关蜜蜂类物种多样性数据库，旨在摸清青藏高原亚洲水塔区及喜马拉雅区内农牧区的蜜蜂物种多样性组成与特点，评估蜜蜂类传粉昆虫的资源现状，基于蜜蜂的物种多样性、种群密度、

被传粉作物信息等，分析高原农牧区蜜蜂资源现状，确定优势蜜蜂物种，并提出可持续利用的建议和措施。子课题参与成员从2019年开始在青藏高原农牧区开展野外蜜蜂类传粉昆虫资源的调查，调查地区主要包括：日喀则（白朗、亚东、吉隆、定日、定结、康马、聂拉木）、林芝（察隅、波密、墨脱、米林）、那曲（嘉黎、尼玛）、山南（桑日、错那、曲松、乃东、加查）和阿里（普兰、札达、噶尔、日土、革吉、改则）。2019—2021年调查时间共计176天，自驾采集里程超过43 700公里，通过马来氏网诱集、黄盘诱集、扫网等不同的采集方式，获取了大量的蜜蜂类传粉昆虫标本和本地数据，共计采集蜜蜂总科蜜蜂类标本22 500余号（其中干制针插标本11 799号），目前已鉴定到种级水平蜜蜂类物种139种，隶属于6科26属，包括9种中国新记录种、47种西藏新记录种及4个种的新描记，更新了西藏地区蜜蜂种类的分布记录，为后续青藏高原地区蜜蜂类传粉昆虫的研究奠定了基础，同时也为西藏当地生物多样性的保护提供了本底信息，对后续物种的高原适应性进化、物种的迁移和扩散等科学问题的研究具有重要的指导意义。

为使广大读者更容易识别西藏地区的蜜蜂类传粉昆虫，现依托2019—2021年青藏高原野外考察过程中所获取的蜜蜂类传粉昆虫标本，就已鉴定到种级水平的西藏蜜蜂类传蜂昆虫以图鉴的形式呈现给读者，图鉴包含部分种类的生态图共计1092张图片；每一物种的内容包括物种学名（根据现行分类系统，每一物种置于相应的亚属）、中文名、首次发表物种时的原始文献目录、鉴别特征、形态特征图（拍摄于青藏高原野外考察过程中所获取的标本，部分种类含野外生态图）、分布（西藏的新记录种以 * 标注）及拜访植物信息（包括本次调查及文献的记录信息）；物种鉴别特征记述中的结构专业术语含义参见 Michener（2007）中的术语。

在本图鉴的著作过程中，著者得到了同行们的大力支持与热情帮助，尤其是"青藏高原农牧昆虫资源调查与可持续利用评估"课题负责人乔格侠研究员、中国科学院动物研究所已退休的中国蜜蜂类研究的开拓者吴燕如研究员、西藏第二次青藏高原综合科学考察办公室的尹君老师对图鉴的著作提出了许多宝贵的建议和意见，西藏自治区高原生物研究所的达娃老师提供了部分物种的野外生态照片，中国科学院动物研究所功能昆虫群研究组的王勇老师和中国科学院动物研究所标本馆的曹焕喜老师帮助拍摄了部分种类的标本照片，中国科学院动物研究所功能昆虫群研究组的袁峰老师、Rafael Ferrari 博士在部分物种的鉴定过程中提供了协助，俄罗斯动物研究所的 Yulia V. Astafurova 博士帮助查找了部分原始文献；图鉴的著作得到第二次青藏高原综合考察研究任务五"生物多样性保护与可持续利用""高原动物多样性保护和可持续利用"专题"青藏高原农牧昆虫资源调查与可持续利用评估"课题"蜜蜂类传粉昆虫"子课题（2019QZKK05010605）专项经费、国家自然科学基金"中国黄斑蜂族物种的修订"（31772487）及国家杰出青年基金（31625024）的联合资助，著者在此一并表示衷心的感谢。

由于著者水平有限，书中的不足之处在所难免，恳请读者批评、指正。

牛泽清
2021 年 10 月于北京

目 录

第二次青藏高原综合科学考察
西藏蜜蜂类图鉴

序一 / 乔格侠·····················I
序二 / 吴燕如·····················III
序三 / 马克平·····················V
前言···························VII

❶ 蜜蜂科

东方蜜蜂 / 2
西方蜜蜂 / 4
黑大蜜蜂 / 6
捷无垫蜂 / 8
科罗顿无垫蜂 / 10
吴氏条蜂 / 11
中华条蜂 / 13
狐条蜂 / 15
瓦氏条蜂 / 17
盗条蜂 / 19
刺跗条蜂 / 21
西藏回条蜂 / 23
短头熊蜂 / 24
颊熊蜂 / 25
颂杰熊蜂 / 26
长翼熊蜂 / 27
三条熊蜂 / 28
圣熊蜂 / 29
萃熊蜂 / 30
白背熊蜂 / 32

弗里斯熊蜂 / 35
惑熊蜂 / 37
昆仑熊蜂 / 41
银珠熊蜂 / 44
红束熊蜂 / 45
莽熊蜂 / 48
红尾熊蜂 / 50
阿熊蜂 / 51
弱熊蜂 / 54
饰带熊蜂 / 57
小雅熊蜂 / 60
重黄熊蜂 / 62
欧熊蜂 / 65
西伯熊蜂 / 66
猛熊蜂 / 69
伪猛熊蜂 / 74
西藏拟熊蜂 / 78
光亮芦蜂 / 80
齿胫芦蜂 / 83
蓝芦蜂 / 84
西藏绒斑蜂 / 87

喜马拉雅毛斑蜂 / 89
江孜艳斑蜂 / 90
枝盾斑蜂 / 91
喜马拉雅盾斑蜂 / 92
穿孔木蜂 / 95
德氏木蜂 / 96
黄纹鳞无刺蜂 / 99

❷ 准蜂科
喜马拉雅准蜂 / 102

❸ 切叶蜂科
双斑切叶蜂 / 108
苜蓿切叶蜂 / 109
黑尾切叶蜂 / 111
拟拉达切叶蜂 / 113
圈切叶蜂 / 114
丽切叶蜂 / 117
小足切叶蜂 / 121
海切叶蜂 / 125
戎拟孔蜂 / 128
沟脊孔蜂 / 129
小孔蜂 / 131
裸尖腹蜂 / 132
长尖腹蜂 / 135
红跗黄斑蜂 / 138
伪红跗黄斑蜂 / 139
学忠黄斑蜂 / 140
黄跗黄斑蜂 / 141
清涛黄斑蜂 / 142
喀什黄斑蜂 / 144

❹ 隧蜂科
吴燕如杜隧蜂 / 146
青海杜隧蜂 / 149
扁胫杜隧蜂 / 151
马蹄刺杜隧蜂 / 155
长距杜隧蜂 / 156

克拉苏红腹蜂 / 160
若弗鲁瓦红腹蜂 / 162
淡翅红腹蜂 / 169
山红腹蜂 / 172
粗糙红腹蜂 / 177
相似红腹蜂 / 178
西姆拉红腹蜂 / 180
头棒腹蜂 / 185
小齿突棒腹蜂 / 186
美腹棒腹蜂 / 187
塔库隧蜂 / 192
双叶光隧蜂 / 195
尘绒毛隧蜂 / 198
印度淡脉隧蜂 / 203
甘肃淡脉隧蜂 / 208
具皱淡脉隧蜂 / 214
西部淡脉隧蜂 / 217
细弱淡脉隧蜂 / 222
褐毛淡脉隧蜂 / 225
菲伯斯淡脉隧蜂 / 228
窄毛淡脉隧蜂 / 234
黑凫淡脉隧蜂 / 240
毛腿淡脉隧蜂 / 244
耀淡脉隧蜂 / 247
褐足淡脉隧蜂 / 252
条纹淡脉隧蜂 / 257
光环淡脉隧蜂 / 260
奎师那淡脉隧蜂 / 266
舐淡脉隧蜂 / 272
颚淡脉隧蜂 / 278
普氏淡脉隧蜂 / 281
无距淡脉隧蜂 / 287
益康淡脉隧蜂 / 295
山根淡脉隧蜂 / 301

❺ 分舌蜂科
毕氏分舌蜂 / 306
花分舌蜂 / 312

哈氏分舌蜂 / 317
欧布鲁日分舌蜂 / 322
赫氏分舌蜂 / 326
林芝分舌蜂 / 330
类西藏分舌蜂 / 333
拟拉埃弗雷纳分舌蜂 / 338
褐胸分舌蜂 / 343
华丽分舌蜂 / 349
西藏分舌蜂 / 350
瘤分舌蜂 / 355
格尔纳利叶舌蜂 / 360
克鲁伊茨堡叶舌蜂 / 366

❻ 地蜂科
岸田地蜂 / 372
宽颊地蜂 / 375
瘤唇地蜂 / 378
绯地蜂 / 384
金刷地蜂 / 386
四川地蜂 / 389
馆山地蜂 / 395
爪叶菊地蜂 / 399
小地蜂 / 402
类小地蜂 / 407
黑地蜂 / 412
刺腿地蜂 / 418
埃弗斯曼地蜂 / 424
多毛地蜂 / 429
横贝加尔地蜂 / 434
联地蜂 / 436
水苏地蜂 / 438
白唇地蜂 / 445

参考文献 / 450
学名索引 / 455
中文名索引 / 457

蜜蜂科
Apidae

第二次青藏高原综合科学考察
西藏蜜蜂类图鉴

Apis (*Apis*) *cerana* Fabricius, 1793
Apis cerana Fabricius, 1793: 327, worker.

东方蜜蜂

鉴别特征 工蜂体长 10.0～13.0 mm；体色变化大，后躯背板黄色或黄褐色至黑褐色；后翅中脉分叉；唇基表面具三角形黄斑。雄蜂体长 12.0～13.0 mm；复眼大，复眼在头顶靠近；后翅中脉分叉；唇基表面具三角形黄斑；体被暗褐色和暗黄褐色的长绒毛。蜂王体长 14.0～19.0 mm；体色分黑色和棕红色两类型；体被黑色和深黄色混杂的绒毛。

拜访植物 多种植物。

分　　布 广布于除新疆外全国各地，西藏（亚东县、吉隆县、定结县、聂拉木县、波密县、墨脱县、错那县）；朝鲜，巴基斯坦，斯里兰卡，阿富汗，印度，尼泊尔，泰国，缅甸，老挝，菲律宾，印度尼西亚，日本，俄罗斯，澳大利亚。

图1 工蜂：a.体侧面观，b.头前面观，c.后躯背面观，d.后翅，e.生态照。

Apis (*Apis*) *mellifera* Linnaeus, 1758
Apis mellifera Linnaeus, 1758: 576, worker.

西方蜜蜂

鉴别特征 工蜂体长 12.0~14.0 mm；体色变化大，后躯背板灰褐色至黄色或黄褐色；后翅中脉不分叉；唇基黑色。雄蜂体长 15.0~17.0 mm；复眼大，复眼在头顶靠近；后翅中脉不分叉。

拜访植物 多种植物。

分　　布 西藏（曲水县、白朗县、米林县、山南市乃东区、桑日县）；全球分布。

图2 工蜂：a, b. 生态照，c. 体侧面观，d. 头前面观，e. 后躯背面观，f. 后翅。

Apis (Megapis) laboriosa Smith, 1871
Apis laboriosa Smith in Moore et al., 1871: 249, worker.

黑大蜜蜂

鉴别特征　工蜂体长 17.0～20.0 mm；后躯背板黑褐色；后躯第 1～5 背板端缘常具白色细毛带；后躯第 6 背板具黑色毛；后翅中脉分叉。雄蜂体长 16.0～17.0 mm；复眼大，顶端相接；体毛黄褐色；复眼密被黄色短毛；后躯第 1 背板、后躯腹板均被黄褐色长毛。

拜访植物　以杜鹃花科（Ericaceae）植物为主，亦拜访忍冬科（Caprifoliaceae）、蔷薇科（Rosaceae）、菊科（Asteraceae）、豆科（Fabaceae）、唇形科（Lamiaceae）、大戟科（Euphorbiaceae）的一些种类。

分　　布　云南，西藏（亚东县、吉隆县、聂拉木县、波密县、米林县、墨脱县、错那县）；老挝，缅甸，印度，尼泊尔。

图3 工蜂：a.体侧面观，b.后翅，c.头前面观，d.后躯背面观，e-h.生态照，i.巢。

Amegilla (*Micramegilla*) *velocissima* (Fedtschenko, 1875)

Anthophora velocissima Fedtschenko, 1875: 33, ♀, ♂.

捷无垫蜂

鉴别特征　雌体长 9.0~11.0 mm；唇基黄色具黑斑，黑斑约占唇基的 4/5；中胸盾片被白色和黑色混杂的长毛；后躯第 1~4 背板端缘具白色宽毛带。雄体长 8.0~10.0 mm；唇基（除两侧的小黑斑）、上唇、上颚基部、颜侧（额唇基缝以下）黄色；触角柄节前表面具黄斑；后足胫节及基跗节外侧被白色短毛；生殖器及后躯第 7、8 腹板如图 4 h-j 所示。

拜访植物　草木樨（*Melilotus officinalis*）、劲直黄芪（*Astragalus strictus*）、西藏铁线莲（*Clematis tenuifolia*）、马先蒿属（*Pedicularis* spp.）。

分　布　内蒙古，甘肃，青海，新疆，西藏*（普兰县、札达县、噶尔县）；西班牙，意大利，匈牙利，伊朗，哈萨克斯坦，巴基斯坦。

图4 a-d.雌：a.体侧面观，b.头前面观，c.中躯背面观，d.后躯背面观；e-j.雄：e.体侧面观，f.头前面观，g.后躯背面观，h.生殖器背面观，i.后躯第8腹板腹面观，j.后躯第7腹板腹面观。

Amegilla (Zonamegilla) korotoensis (Cockerell, 1911)

Anthophora korotoensis Cockerell, 1911a: 491, ♀, ♂.

科罗顿无垫蜂

鉴别特征　雌体长 12.0~13.0 mm；似绿条无垫蜂（*Amegilla zonata*），但后足基跗节外侧具许多白色毛（绿条无垫蜂后足基跗节外侧毛全部为黑色）。
拜访植物　无记录。
分　　布　西藏*（墨脱县），台湾；泰国，新加坡。

图 5 雌：a.体侧面观，b.头前面观，c.后躯背面观，d.后足。

Anthophora (*Anthomegilla*) *wuae* Brooks, 1988

Anthophora wuae Brooks, 1988: 575 (replacement for *Anthomegilla sinensis* Wu, 1982)
Anthomegilla sinensis Wu, 1982: 412, ♀, ♂.

吴氏条蜂

鉴别特征 雌体长 13.0~14.0 mm；中胸盾片被灰黄色或褐色毛；后躯第 1 背板被灰黄色毛；后躯第 2 背板两侧、后躯第 3 背板两侧及中央被灰黄色或锈色毛；后躯第 4~5 背板两侧被稀疏的白色毛，中央毛黑色；后足胫节外侧、基跗节内侧及端部小毛刷均金黄色。雄体长 10.0~12.0 mm；中胸盾片和后躯第 1~2 背板被灰黄色或褐色毛；上唇、唇基、颜侧、触角柄节前表面均黄色，但唇基端缘黑色，上唇基部两侧具浅黑斑，颜侧靠近复眼内侧缘黑色；唇基上区具横黄斑；触角鞭节第 3~11 分节腹面基部具压横区，压横区约为鞭节分节长的 1/3。

拜访植物 小花棘豆（*Oxytropis glabra*）、劲直黄芪（*Astragalus strictus*）。

分　　布 甘肃，新疆，西藏（普兰县、萨嘎县）。

图 6 a-d. 雌：a. 体侧面观，b. 头前面观，c. 后躯背面观，d. 前翅；e-j. 雄：e-f. 体侧面观，g-h. 头前面观，i-j. 后躯背面观。

Anthophora (*Clisodon*) *sinensis* (Wu, 1982)

Clisodon sinensis Wu, 1982: 419, ♀.

中华条蜂

鉴别特征 雌体长 11.0～13.0 mm；颜面黑色；上颚 3 齿；侧单眼外侧各具一平滑小区；上唇及上颚外侧被狐红色毛；唇基被褐色毛；颜侧及头顶被黑色毛；中胸盾片前半部、中胸侧板、小盾片、后胸盾片、并胸腹节两侧及后躯第 1 背板密被浅黄色长毛；中胸盾片后半部被密而长的黑色毛；后躯第 2 背板被稀而长的黄色毛，并夹有长的黑色毛；后躯第 3～5 背板被密而长的狐红色毛；后足胫节外侧及基跗节外侧毛密、狐红色。雄（新描记）体长 10.0～12.0 mm；似雌，但唇基（除端缘及两侧缘黑色）、上唇黄色；眼侧区下端具"Y"形黄斑；唇基上区具横形黄斑；触角柄节前表面具黄条形斑；上颚 1 齿；唇基、上唇被白色长毛；后躯第 3～5 背板被密而长的金黄色毛；后足胫节外侧及基跗节外侧毛较雌性稀、金黄色。

拜访植物 无记录。

分　　布 内蒙古，甘肃，青海，西藏（吉隆县）。

图 7 a-d. 雌：a. 体侧面观，b. 头前面观，c. 后躯背面观，d. 前翅；e-h. 雄：e. 体侧面观，f. 头前面观，g. 后躯背面观，h. 前翅。

Anthophora (*Dasymegilla*) *quadrimaculata* (Panzer, 1798)
Apis quadrimaculata Panzer, 1798: 56, ♂.

狐条蜂

鉴别特征	雌体长 9.0~11.0 mm；中胸盾片被灰黄色毛，夹有黑色毛；后躯背板被黄色绒毛，端缘具白色毛带；后足胫节和基跗节外侧毛白色，基跗节内侧毛金黄色，基跗节端部毛刷褐黄色；唇基刻点均匀；上唇中央平，无纵向的隆脊。雄体长 8.0~10.0 mm；唇基侧缘黑斑较大（有的个体唇基侧缘沿眼侧区下缘均为黑色）；后躯背板端缘具白色毛带；后足胫节正常；腹生殖刺突短、钝。
拜访植物	沙打旺（*Astragalus adsurgens*）、苜蓿属（*Medicago* spp.）、荞麦（*Fagopyrum esculentum*）、斜茎黄芪（*Astragalus adsurgens*）。
分布	内蒙古，河北，湖北，西藏*（吉隆县、普兰县）；欧洲，阿富汗，土耳其，格鲁吉亚，吉尔吉斯斯坦，哈萨克斯坦，俄罗斯。

图8 a-d. 雌：a.体侧面观，b.后躯背面观，c.头前面观，d.前翅；e-h.雄：e.体侧面观，f.后躯背面观，g.头前面观，h.前翅。

Anthophora (Dasymegilla) waltoni Cockerell, 1910

Anthophora vulpina waltoni Cockerell, 1910a: 410, ♀, ♂.

瓦氏条蜂

鉴别特征	雌体长 10.0~12.0 mm；似狐条蜂，但基跗节端部毛刷金黄色；唇基刻点稀、不均匀；上唇中央具一纵向的隆脊。雄体长 10.0~11.0 mm；唇基两侧黑斑小；后足胫节内侧弯曲、端部呈角状；后躯第 7、8 腹板及生殖器结构如图 9 j-l 所示；腹生殖刺突尖。
拜访植物	紫云英（*Astragalus sinicus*）、薰衣草（*Lavandula angustifolia*）、劲直黄芪（*Astragalus strictus*）。
分 布	甘肃，四川，云南，西藏（普兰县、札达县）。

蜜蜂科 Apidae

第二次青藏高原综合科学考察西藏蜜蜂类图鉴

图9 a-e.雌：a.体侧面观，b.后躯背面观，c.头前面观，d.前翅，e.生态照；f-l.雄：f.体侧面观，g.后躯背面观，h.头前面观，i.前翅，j.后躯第7腹板腹面观，k.后躯第8腹板腹面观，l.生殖器背面观。

Anthophora (Melea) plagiata (Illiger, 1806)

Megilla palagiata Illiger, 1806: 140, ♀.

盗条蜂

鉴别特征 雌体长 12.0~16.0 mm；唇基刻点粗大，唇基中央具纵脊；触角第 1 鞭节分节长等于第 2~4 鞭节分节之和；颚眼区宽大于长，长约为宽的 2/3；颜面被灰白色、灰黄色或黑色长毛；中胸背板被灰白色或黑色长毛（中胸背板及侧板黑毛较多）；足一般被灰白色、灰黄色或黑色长毛，足内侧毛黑褐色；后躯第 1 背板被灰黄色、黄褐色或黑色长毛；后躯第 2~5 背板毛色变化极大，灰黄色、黄褐色或狐红色。雄体长 10.0~14.0 mm；雄性唇基、上唇均为黄色；后足基跗节内侧端部 2/3 处具 1 齿状突起；后躯第 7 背板中央呈半圆形凹陷；雄性毛色变化同雌性、极大，胸部及后躯第 1 背板被灰白色、灰黄色、黄褐色或狐红色长毛；后躯第 2~6 背板被灰黄色或狐红色长毛；足被灰白色、灰黄色长毛；生殖器结构及后躯第 7、8 腹板结构如图 10 q-s 所示。

拜访植物 劲直黄芪 (*Astragalus strictus*)、光叶小檗 (*Berberis lecomtei*)、斜茎黄芪 (*Astragalus adsurgens*)。

分　　布 吉林，内蒙古，河北，北京，甘肃，青海，新疆，江苏，浙江，四川，云南，西藏（亚东县、定日县、聂拉木县、普兰县）；中亚，欧洲。

蜜蜂科 Apidae | 第二次青藏高原综合科学考察西藏蜜蜂类图鉴

图10 a–i. 雌：a–b. 体侧面观，c. 后躯背面观，d–e. 头前面观，f–g. 中躯背面观，h–i. 翅；j–s. 雄：j–k. 体侧面观，l–m. 后躯背面观，n–o. 头前面观，p. 前翅，q. 后躯第7腹板腹面观，r. 后躯第8腹板腹面观，s. 生殖器背面观。

Anthophora (*Rhinomegilla*) *spinitarsis* Wu, 1982

Anthophora spinitarsis Wu, 1982: 415, ♀, ♂.

刺跗条蜂

鉴别特征 雌体长 12.0~14.0 mm；上唇刻点粗大；上颚中部褐色；上唇基部两侧斑褐色；体黑色；中胸盾片前半部毛淡黄色，后半部毛常脱落；后躯第 1 背板被稀的白色长毛；后躯第 2~4 背板端缘具宽的黄白色毛带，毛带正中略变窄或中断；后足胫节外侧和基跗节外侧具白色长毛，基跗节端缘毛刷金黄色。雄体长 11.0~12.0 mm；唇基（下缘及两侧下部端缘黑色）、上唇（下缘及基部两侧褐色斑除外）、颜侧（触角窝以下）、触角柄节前表面黄色；唇基上区具一横形黄斑；上唇下缘正中具两齿状突；后躯第 1 背板被稀的白色长毛；后躯第 2~4 背板端缘具稀疏的白色毛带，毛带正中略变窄或中断；后躯第 7 背板端缘平截状；后足基跗节基部内缘具一角状突。

拜访植物 无记录。

分　　布 四川，西藏（山南市乃东区、曲水县、白朗县）。

蜜蜂科 Apidae | 第二次青藏高原综合科学考察西藏蜜蜂类图鉴

图11 a-d.雌：a.体侧面观，b.头前面观，c.后躯背面观，d.前翅；e-h.雄：e.体侧面观，f.头前面观，g.后躯背面观，h.前翅。

Habropoda xizangensis Wu, 1979
Habropoda xizangensis Wu, 1979: 346, ♂.

西藏回条蜂

鉴别特征	雄体长 10.0～12.0 mm；前翅第 1 回脉接近第 2 中横脉，第 2 及第 3 中横脉弯曲，但不平行；唇基长短于唇基基部至头顶的距离；上唇基部两侧具深褐色瘤状突起；后足基跗节内表面边缘加厚，端部内角呈角状；后躯第 7 背板端缘呈钝角状凹陷；中胸盾片、中胸侧板、并胸腹节及后躯第 1 背板被黄色长毛；中胸盾片在翅基片间具由黑色长毛组成的横带；后躯第 2 背板大部分被黑毛，后躯第 2 背板后缘及后躯第 3～7 背板均被黄色长毛。
拜访植物	无记录。
分　　布	西藏（吉隆县）。

图 12 雄：a. 体侧面观，b. 头前面观，c. 后躯背面观，d. 前翅。

Bombus (Alpigenobombus) breviceps Smith, 1852
Bombus breviceps Smith, 1852a: 44, worker.

短头熊蜂

鉴别特征 蜂王体长 18.0～21.0 mm，工蜂体长 10.0～16.0 mm；蜂王与工蜂后足胫节外表面宽、平，边缘具毛，形成粉筐；中足基跗节端后角极尖，但不呈刺状；后足基跗节后缘直，外表面近端缘最长的直立毛约为后足基跗节最宽处的 1/2；上颚端部具 6 齿；颚眼区长约为上颚基部宽的 0.7 倍；中躯背部毛色变化较大，全黑或前后具不同宽度的橘黄色毛带；后躯第 1 背板毛金黄色或柠檬黄色；后躯第 2～3 背板至少部分毛金黄色或柠檬黄色；后躯第 4 背板前半部毛黑色，后半部及后躯第 5 背板毛橘红色。雄体长 14.0～15.0 mm；体毛颜色似雌，但唇基基部及唇基上区具黄色毛；上颚端部尖，具 2 齿；阳茎瓣端部具内弯的镰刀状头，镰刀状头后弯的钩状物等长于镰刀状头基部宽；生殖刺突短而尖，靠近内侧边缘无纵沟，内侧近基部具尖突。

拜访植物 苋科（Amaranthaceae）、菊科（Asteraceae）、凤仙花科（Balsaminaceae）、紫葳科（Bignoniaceae）、醉鱼草科（Buddlejaceae）、藤黄科（Clusiaceae）、葫芦科（Cucurbitaceae）、豆科（Fabaceae）、唇形科（Lamiaceae）、锦葵科（Malvaceae）、紫茉莉科（Nyctaginaceae）、玄参科（Scrophulariaceae）、马鞭草科（Verbenaceae）。

分　　布 陕西，甘肃，浙江，江西，湖南，湖北，四川，贵州，云南，西藏（墨脱县），福建，广东，广西；缅甸，印度，泰国，越南，老挝，尼泊尔，不丹，巴基斯坦。

图 13 工蜂：a. 体侧面观，b. 后躯背面观，c. 头前面观，d. 前翅。

Bombus (*Alpigenobombus*) *genalis* Friese, 1918

Bombus genalis Friese, 1918: 84, ♀.

颊熊蜂

鉴别特征	蜂王体长 21.0~22.0 mm，工蜂体长 12.0~16.0 mm；蜂王与工蜂后足胫节外表面宽、平，边缘具毛，形成粉筐；中足基跗节端后角极尖，但不呈刺状；上颚端部具 6 齿；颚眼区长约为上颚基部宽的 0.7 倍；侧单眼—复眼区沿复眼内缘具分散的大刻点和较少的小刻点；体毛黑色，但唇基基部及侧缘、触角窝周围夹有灰褐色毛，前足胫节和跗节的内侧、中足和后足胫节、跗节毛橘红色，后躯第 6 背板端部毛橘黄色。
拜访植物	无记录。
分　　布	云南，西藏（墨脱县）；印度，缅甸。

图 14 工蜂：a. 体侧面观，b. 体背面观，c. 后躯背面观，d. 头前面观，e. 上颚，f. 前翅。

Bombus (*Alpigenobombus*) *nobilis* Friese, 1905
Bombus nobilis Friese, 1905: 513, ♀, worker.

颂杰熊蜂

鉴别特征 蜂王体长 21.0～22.0 mm，工蜂体长 11.0～18.0 mm；蜂王与工蜂后足胫节外表面宽、平，边缘具毛，形成粉筐；中足基跗节端后角极尖，但不呈刺状；后足基跗节后缘直，外表面近端缘最长的直立毛长于后足基跗节最宽处；上颚端部具 6 齿；颚眼区长约为上颚基部宽的 0.9～1.0 倍；侧单眼—复眼区沿复眼内缘具分散的大刻点和较少的小刻点；颜面毛黑色；中躯背部毛色变化较大，全黑或前后具黄色或灰白色的毛带；后躯第 1 背板毛黄色或灰白色；后躯第 2 背板前半部毛黄色，中部常夹有黑毛，后半部毛黑色或红色；后躯第 3～5 背板毛红色。雄体长 16.0～17.0 mm；体毛颜色似雌，但唇基基部及唇基上区具黄色毛；上颚端部尖，具 2 齿；阳茎瓣端部具内弯的镰刀状头，镰刀状头后弯的钩状物等长于镰刀状头基部宽；生殖刺突圆，靠近内侧边缘无纵沟，内侧近基部具尖突。

拜访植物 壳斗科（Fagaceae）：劲直黄芪（*Astragalus strictus*）、菊科（Asteraceae）、景天科（Crassulaceae）、唇形科（Lamiaceae）、豆科（Fabaceae）、毛茛科（Ranunculaceae）、玄参科（Scrophulariaceae）。

分　　布 甘肃，青海，四川，云南，西藏（普兰县）；印度，缅甸，尼泊尔，美国。

图 15 a-c. 工蜂：a.体侧面观，b.体背面观，c.头前面观；d-f.雄：d.体侧面观，e.体背面观，f.头前面观

Bombus (*Bombus*) *longipennis* Friese, 1918
Bombus pratorum var. *longipennis* Friese, 1918: 83, ♀, worker.

长翼熊蜂

鉴别特征 工蜂体长 14.0～15.0 mm；后足胫节外表面宽、平，边缘具毛，形成粉筐；上颚端脊伸达上颚边缘，上颚端部宽圆，具 2 前齿；中足基跗节端后角宽，大于 45°；后足基附节后缘弯；颚眼区长短于宽；头部毛黑色，夹有少许灰色毛；中躯毛黑色，前缘具窄的柠檬黄色毛带；中躯侧上端具小的柠檬黄色毛斑，中部毛黑色，下部毛黑色、夹有灰色毛；后躯第 1～4 背板毛黑色，但第 2 背板夹有黄色毛；后躯第 5～6 背板毛苍白色。

拜访植物 葱科（Alliaceae）、伞形科（Apiaceae）、菊科（Asteraceae）、醉鱼草科（Buddlejaceae）、景天科（Crassulaceae）、豆科（Fabaceae）、龙胆科（Gentianaceae）、唇形科（Lamiaceae）、锦葵科（Malvaceae）、柳叶菜科（Onagraceae）、蔷薇科（Rosaceae）、玄参科（Scrophulariaceae）。

分 布 陕西，宁夏，甘肃，青海，四川，云南，西藏（亚东县、米林县、林芝市巴宜区）；尼泊尔。

图 16 工蜂：a.体侧面观，b.体背面观，c.后躯背面观，d.头前面观。

Bombus (Megabombus) trifasciatus Smith, 1852
Bombus trifasciatus Smith, 1852a: 43, ♀, worker.

三条熊蜂

鉴别特征 蜂王体长 18.0～20.0 mm，工蜂体长 12.0～17.0 mm；蜂王与工蜂后足胫节外表面宽、平，边缘具毛，形成粉筐；中足基跗节端后角细尖刺状；上颚端缘宽圆，具 2 前齿；颚眼区长约为上颚基部宽的 1.7 倍；头部背面除眼侧凹陷处外均具刻点；触角第 2 鞭节分节宽大于长，约为第 1 鞭节分节长的 1/2；体毛色变化大，通常头部毛黑色，后足胫节粉筐缘毛黑色；后躯第 1～2 背板毛黄色；后躯第 3 背板毛黑色，基部夹有黄色毛；后躯第 4 背板毛黑色；后躯第 5 背板毛橘红色。雄体长 15.0～18.0 mm；体毛颜色似雌；触角长，伸达翅基片后缘；阳茎瓣端部具略向外展开的齿状头；生殖刺突短宽，几乎呈矩形，具 2 长而弯的刺状内突；阳茎基腹铗内钩靠近端角，端钩刺状，直或弱"S"形，近基钩强弯，与端钩一样长或长于端钩。

拜访植物 菊科（Asteraceae）、凤仙花科（Balsaminaceae）、紫葳科（Bignoniaceae）、旋花科（Convolvulaceae）、葫芦科（Cucurbitaceae）、唇形科（Lamiaceae）。

分　　布 河北，山西，陕西，安徽，浙江，江西，湖南，湖北，四川，贵州，云南，甘肃，西藏（墨脱县、吉隆县、聂拉木县），福建，广东，台湾；越南，泰国，缅甸，印度，不丹，巴基斯坦，尼泊尔。

图 17 工蜂：a. 体侧面观，b. 体背面观，c. 头前面观，d. 前翅。

Bombus (Megabombus) religiosus (Frison, 1935)

Bremus (*Hortobombus*) *religious* Frison, 1935: 344, ♂.

圣熊蜂

鉴别特征　蜂王体长 21.0~22.0 mm，工蜂体长 13.0~16.0 mm；蜂王与工蜂后足胫节外表面宽、平，边缘具毛，形成粉筐；中足基跗节端后角细尖刺状；上颚端缘宽圆，具 2 前齿；颚眼区长约为上颚基部宽的 2.1 倍；中躯背面前、后具柠檬黄毛带，翅基片间具宽的黑毛带；中躯侧下部具白毛；后躯第 1 背板毛柠檬黄色；后躯第 2~3 背板毛黑色；工蜂后躯第 4~5 背板黑色毛、柠檬黄毛相杂，侧缘具白色毛；蜂王后躯第 4~5 背板毛苍白色。雄体长 15.0~17.0 mm；体毛颜色似雌；触角长，伸达翅基片后缘；阳茎瓣端头不向外展开，具 3~4 规则且明显伸出的大齿；生殖刺突长而宽，内侧近端突具 1 大刺，该刺长于内侧近端突的宽；阳茎基腹铗内钩靠近端角，端钩刺状，除靠近末端 "S" 形外其余部分直，近基钩宽三角状。

拜访植物　唇形科（Lamiaceae）、毛茛科（Ranunculaceae）。

分　　布　陕西，宁夏，甘肃，四川，云南，西藏（吉隆县）。

图 18 蜂王：a. 体侧面观，b. 体背面观，c. 后躯背面观，d. 头前面观。

Bombus (Melanobombus) eximius Smith, 1852

Bombus eximius Smith, 1852a: 47, ♀.

萃熊蜂

鉴别特征 蜂王体长 28.0～29.0 mm，工蜂体长 14.0～19.0 mm；蜂王与工蜂后足胫节外表面宽、平，边缘具毛，形成粉筐；中足基跗节端后角直角状；后足基跗节后缘近乎直；上颚端部宽圆，具 2 前齿；颚眼区长约为上颚基部宽的 0.9～1.0 倍；侧单眼—复眼区沿复眼内缘具分散的大刻点和小刻点；中躯及后躯背板体毛黑色；中足和后足的胫节、基跗节毛橘红色。雄体长 18.0～19.0 mm；毛色似雌，但前足的胫节、基跗节毛亦橘红色；后躯第 3～7 背板毛橘红色；阳茎瓣端部具内弯的镰刀状头；生殖刺突退化成一 "S" 形的横带，阳茎基腹铗伸长，超过生殖刺突，约为阳茎基腹铗自身宽的 3.0 倍，无明显的内端突。

拜访植物 无记录。

分 布 浙江，江西，四川，贵州，云南，西藏（波密县、墨脱县），福建，广东，广西，台湾；缅甸，印度，尼泊尔，泰国，越南。

a

图19 a-c.蜂王：a.体侧面观，b.体背面观，c.头前面观；d-g.工蜂：d.体侧面观，e.体背面观，f.头前面观，g.上颚。

Bombus (*Melanobombus*) *festivus* Smith, 1861
Bombus festivus Smith, 1861b: 152, ♀.

白背熊蜂

鉴别特征 蜂王体长 22.0~25.0 mm，工蜂体长 12.0~17.0 mm；蜂王与工蜂后足胫节外表面宽、平，边缘具毛，形成粉筐；中足基跗节端后角直角状；后足胫节端后角具刺，后足基跗节后缘直；上颚端部宽圆，具 2 前齿；颚眼区长约为上颚基部宽的 1.0~1.1 倍；侧单眼—复眼区沿复眼内缘具分散的大刻点和小刻点；蜂王除中躯背面及后躯第 5 背板具白色毛外，体毛均黑色；工蜂头背面具黑色毛，中躯前缘具窄的黑色毛带，中躯侧面上半部具黑毛，有的工蜂中躯毛橘棕色，后躯第 1~4 背板具黑色毛，后躯第 4 背板后缘具少许白色毛，后躯第 5 背板具白色毛。雄体长 14.0~16.0 mm；毛色似雌，但颜面具短的灰色毛；中躯毛黄褐色；后躯第 1~2 背板毛黄褐色；后躯第 5~7 背板毛白色；阳茎瓣端部具内弯的镰刀状头；生殖刺突圆，靠近内侧边缘无纵沟，内侧近基部具明显的突起，阳茎基腹铗伸长，超过生殖刺突，约为阳茎基腹铗自身宽的 1.0 倍，具强弯的内端突。

拜访植物 大蓟（*Cirsium japonicum*）、大白杜鹃（*Rhododendron decorum*）、柳兰（*Chamerion angustifolium*）、密穗马先蒿（*Pedicularis densispica*）、光叶小檗（*Berberis lecomtei*）。

分　　布 陕西，甘肃，湖北，四川，贵州，云南，西藏（林芝市巴宜区、米林县、亚东县、吉隆县、聂拉木县、错那县、普兰县）；缅甸，印度，尼泊尔。

蜜蜂科 Apidae

蜜蜂科 Apidae

第二次青藏高原综合科学考察西藏蜜蜂类图鉴

图20 a-e. 工蜂：a.生态照，b.体侧面观，c.后躯背面观，d.头前面观，e.前翅；f-i.雄：f.体侧面观，g.头前面观，h.后躯背面观，i.前翅。

Bombus (*Melanobombus*) *friseanus* Skorikov, 1933
Bombus friseanus Skorikov, 1933: 62, ♀.

弗里斯熊蜂

鉴别特征 蜂王体长 19.0~22.0 mm，工蜂体长 10.0~16.0 mm；蜂王与工蜂后足胫节外表面宽、平，边缘具毛，形成粉筐；中足基跗节端后角近乎直角状；后足基跗节后缘直，外表面近前缘直立的毛短于基附节的宽；上颚端部宽圆，具 2 前齿；颚眼区长约为上颚基部宽的 1.3 倍；唇基正中平，具浅凹；侧单眼—复眼区沿复眼内缘具分散的大刻点和小刻点；颜面毛黑色，但唇基上区及触角窝周围夹有短黄毛；中躯前、后具金黄色毛带，中躯侧方毛金黄色，金黄色毛间夹有黑毛；后足粉筐缘毛黑色；翅基片间及翅基片下具黑色毛；蜂王后躯第 1 背板毛黄色，后躯第 2 背板毛黑色或前缘具窄的黄色毛带，后躯第 3~5 背板毛红色；工蜂后躯毛色变化大，后躯第 1 背板毛黄色，后躯第 2 背板毛黄色但后缘具黑色毛，或背板前半部棕色后半部黑色；后躯第 3~5 背板毛红色。雄体长 13.0~15.0 mm；体毛黄色，翅基片间具黑色毛带；后躯第 3~6 背板毛红色，后躯第 6 背板侧缘具一些黑色毛；上颚端部尖，具 1 齿；阳茎瓣端部具内弯的镰刀状头，镰刀状头的内弯头窄而直，长于其近端部的宽，阳茎瓣腹侧角退化、近乎消失；生殖刺突端部呈二分叉，靠近内侧边缘无纵沟，内侧近端突宽而尖。

拜访植物 水鳖科（Amaryllidaceae）、菊科（Asteraceae）、紫葳科（Bignoniaceae）、紫草科（Boraginaceae）、忍冬科（Caprifoliaceae）、川续断科（Dipsacaceae）、壳斗科（Fagaceae）等。

分　　布 甘肃，青海，四川，云南，西藏（吉隆县、错那县、普兰县）。

蜜蜂科 Apidae | 第二次青藏高原综合科学考察西藏蜜蜂类图鉴

图21 工蜂：a.体侧面观，b.后躯背面观，c.头前面观。

Bombus (Melanobombus) incertus Morawitz, 1881
Bombus incertus Morawitz, 1881: 229, ♀.

惑熊蜂

鉴别特征 蜂王体长 18.0~22.0 mm，工蜂体长 13.0~17.0 mm；蜂王与工蜂后足胫节外表面宽、平，边缘具毛，形成粉筐；中足基跗节端后角近乎直角状；后足基跗节后缘直，外表面近前缘直立的毛短于基附节的宽；上颚端部宽圆，具 2 前齿；颚眼区长大于宽，长约为上颚基部宽的 1.2~1.3 倍；唇基微隆起，具大小不等的分散刻点；侧单眼—复眼区沿复眼内缘具分散的大刻点和小刻点；颜面毛黑色；中躯前、后具白色或黄白毛带，中躯侧方毛白色或黄白，后下部毛略呈灰色；翅基片间具黑色毛带；后足粉筐缘毛黑色；后躯第 1~2 背板毛白色或黄白色；后躯第 3 背板毛黑色；后躯第 4~6 背板毛棕黄色。雄体长 11.0~13.0 mm；体毛颜色似雌，但唇基及唇基上区毛灰白色，夹有黑色毛；颚眼区长宽几乎相等，长约为上颚基部宽的 1.0 倍；触角长，伸达翅基片后缘；生殖刺突宽铲状，基部内侧具一指向背侧上方的尖突；生殖突基铗超出生殖刺突，呈窄长方形，内侧端略伸出，阳茎瓣顶端扁平，具向内侧下方弯的钩状突。

拜访植物 劲直黄芪（*Astragalus strictus*）、小花棘豆（*Oxytropis glabra*）。

分　　布 新疆，西藏*（普兰县、日土县）；土耳其，亚美尼亚，吉尔吉斯斯坦，伊朗。

蜜蜂科 Apidae | 第二次青藏高原综合科学考察西藏蜜蜂类图鉴

f

g

蜜蜂科 Apidae

第二次青藏高原综合科学考察西藏蜜蜂类图鉴

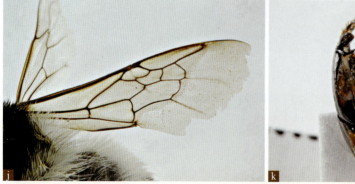

图 22 a-e. 工蜂：a.体侧面观，b.体背面观，c.头前面观，d.后躯背面观，e.前翅；f-k. 雄：f.体侧面观，g.体背面观，h.头前面观，i.后躯背面观，j.前翅，k.生殖器背面观。

Bombus (*Melanobombus*) *keriensis* Morawitz, 1887

Bombus keriensis Morawitz, 1887: 199, ♀.

昆仑熊蜂

鉴别特征 蜂王体长 19.0~22.0 mm，工蜂体长 11.0~14.0 mm；蜂王与工蜂后足胫节外表面宽、平，边缘具毛，形成粉筐；中足基跗节端后角近乎直角状；后足基跗节后缘直，外表面近前缘直立的毛短于基跗节的宽；上颚端部宽圆，具 2 前齿；颚眼区长约为上颚基部宽的 0.9~1.0 倍；侧单眼—复眼区沿复眼内缘具分散的大刻点和小刻点；头颜面、头顶及颊均被黑色毛；中躯前、后缘具黄色毛带，翅基片间具黑色毛带，所有足腿节毛黑色；后躯第 1~2 背板毛黄色；后躯第 3 背板毛黑色，侧缘具少许分散的白毛；后躯第 4~5 背板毛橘红色。雄体长 12.0~13.0 mm；体毛较雌黄，翅基片间具黑色毛带；后躯第 3 背板毛黑色，侧缘具黄色毛；后躯第 4~7 背板毛橘红色，侧缘具一些黑色毛；上颚端部尖，具 1 齿；阳茎瓣端部具内弯的镰刀状头，镰刀状头的内弯头窄而直，长于其近端部的宽，阳茎瓣腹侧角退化、近乎消失；生殖刺突端部圆，无内侧近边缘的纵沟，内侧近端突短而圆；阳茎基腹铗具内端突，呈窄而弯的钩状。

拜访植物 葱科(Alliaceae)、菊科(Asteraceae)、龙胆科(Gentianaceae)、豆科(Fabaceae)、唇形科(Lamiaceae)、锦葵科(Malvaceae)、蔷薇科(Rosaceae)、玄参科(Scrophulariaceae)、柽柳科(Tamaricaceae)。

分　　布 甘肃，青海，新疆，西藏（错那县、尼木县、康马县、定结县、白朗县、吉隆县、普兰县、札达县、日土县），四川。

a

蜜蜂科 Apidae

b

c

图 23 a-c. 蜂王：a. 体侧面观，b. 头前面观，c. 后躯背面观；d-g. 工蜂：d. 体侧面观，e. 体背面观，f. 头前面观，g. 后躯背面观。

Bombus (Melanobombus) miniatus Bingham, 1897

Bombus miniatus Bingham, 1897: 553, ♂.

银珠熊蜂

鉴别特征　蜂王体长 24.0~25.0 mm，工蜂体长 11.0~13.0 mm；蜂王与工蜂后足胫节外表面宽、平，边缘具毛，形成粉筐；中足基跗节端后角近乎直角状；后足基跗节后缘直，外表面近前缘直立的毛短于基附节的宽；上颚端部宽圆，具2前齿；颚眼区长约为上颚基部宽的1.2~1.3倍；侧单眼—复眼区沿复眼内缘具分散的大刻点和小刻点；头颜面、头顶及颊均被黑色毛，夹有黄色的短柔毛；中躯前、后缘具黄色毛带，翅基片间具黑色毛带；所有足的基节、转节及后足腿节外侧被黄白色毛；后躯第1背板毛黄色；后躯第2背板毛黄色，夹有少许黑毛；后躯第3背板基部及两侧毛黑色，端部毛橘红色；后躯第4~5背板毛橘红色；后躯第5背板端缘夹有白色毛。雄体长 16.0 mm；后躯第1~2背板毛黄色；后躯第3~6背板毛橘红色。

拜访植物　光叶小檗（*Berberis lecomtei*）。

分　　布　北京，甘肃，青海，西藏（亚东县、吉隆县、聂拉木县、普兰县、定结县），四川，云南；印度，巴基斯坦，尼泊尔。

图24 工蜂：a.体侧面观，b.后躯背面观，c.头前面观，d.前翅。

Bombus (*Melanobombus*) *rufofasciatus* Smith, 1852

Bombus rufofasciatus Smith, 1852b: 48, ♀.

红束熊蜂

鉴别特征　蜂王体长 19.0~20.0 mm，工蜂体长 12.0~16.0 mm；蜂王与工蜂后足胫节外表面宽、平，边缘具毛，形成粉筐；中足基跗节端后角近乎直角状；后足基跗节外表面近前缘直立的毛长等于基跗节的宽；上颚端部宽圆，具 2 前齿；颚眼区长约为上颚基部宽的 1.1 倍；侧单眼—复眼区沿复眼内缘具分散的大刻点和小刻点；头部毛黑色；中躯前、后缘具灰白色毛带；翅基片间具宽的黑毛带；后躯第 1 背板毛白色；蜂王后躯第 2 背板毛黑色，后躯第 3 背板毛红色，后躯第 4~5 背板毛白色；工蜂后躯第 2 背板毛黄色，后躯第 3 背板毛红色，但近基部夹有黑毛，后躯第 4 背板毛红色，后躯第 5 背板毛白色。雄体长 15.0 mm；体毛颜色似雌，但后躯第 2 背板毛全部黄色；触角伸达翅基片后缘；上颚端部尖，具 1 个前齿；阳茎瓣端部具内弯的镰刀状头，镰刀状头的内弯头窄而直，长于其近端部的宽，阳茎瓣腹侧角退化、近乎消失；生殖刺突端部退化，呈二分叉，靠近内侧边缘无纵沟，内侧近端突宽而尖。

拜访植物　石蒜科 (Amaryllidaceae)、菊科 (Asteraceae)、忍冬科 (Caprifoliaceae)、景天科 (Crassulaceae)、唇形科 (Lamiaceae)、豆科 (Fabaceae)、玄参科 (Scrophulariaceae)、败酱科 (Valerianaceae)。

分　　布　甘肃，青海，西藏（山南市、拉萨市、定结县、亚东县、白朗县、吉隆县、普兰县），云南，四川；印度，巴基斯坦，尼泊尔。

图25 a-c. 蜂王：a. 体侧面观，b. 体背面观，c. 后躯背面观；d-h. 工蜂：d. 体侧面观，e. 体背面观，f. 头前面观，g. 后躯背面观，h. 生态照。

Bombus (Orientalibombus) funerarius Smith, 1852
Bombus funerarius Smith, 1852b: 47, ♀.

葬熊蜂

鉴别特征 蜂王体长 19.0~20.0 mm，工蜂体长 11.0~14.0 mm；蜂王与工蜂后足胫节外表面宽、平，边缘具毛，形成粉筐；中足基跗节端后角尖，但窄圆不呈刺状；后足基跗节外表面近前缘直立的毛长等于基附节的宽；上颚端部宽圆，具 2 前齿；颚眼区长约为上颚基部宽的 1.6 倍；侧单眼—复眼区及单眼前区光滑、闪光，仅具几个大的刻点；唇基中央均匀地具分散的细刻点；头部毛黑色，但唇基基缘、唇基上区、触角窝周围和额区夹有灰色的柔毛；中躯背部毛灰色，夹有蜜的黑毛，中躯背面中线、中胸侧面下部及后躯第 1 背板毛灰白色；后躯第 2~3 背板毛黑色，有时后躯第 2 背板前、侧、后缘具窄的浅色毛；后躯第 4~5 背板毛橘红色。雄体长 13.0~14.0 mm；头、中躯背面毛黄色，夹有黑毛；后躯第 1~2 背板毛黄色；后躯第 3 背板毛黑色；阳茎瓣端头短，弱向外膨大，无齿；生殖刺突短宽，几乎呈方形的横带，内侧端突弱，末端方正、无裂隙；内侧近端突退化；阳茎基腹铗末端窄而直、指状。

拜访植物 菊科（Asteraceae）、凤仙花科（Balsaminaceae）、川续断科（Dipsacaceae）、唇形科（Lamiaceae）、远志科（Polygalaceae）、玄参科（Scrophulariaceae）。

分　　布 西藏（聂拉木县、错那县），云南，四川；印度，缅甸，尼泊尔。

a

图 26 工蜂：a.体侧面观，b.体背面观，c.后躯背面观，d.头前面观，e.翅。

Bombus (Orientalibombus) haemorrhoidalis Smith, 1852
Bombus haemorrhoidalis Smith, 1852a: 43, ♀, ♂, worker.

红尾熊蜂

鉴别特征　蜂王体长 23.0~27.0 mm，工蜂体长 14.0~17.0 mm；蜂王与工蜂后足胫节外表面宽、平，边缘具毛，形成粉筐；中足基跗节端后角宽圆；上颚端部宽圆，具 2 前齿；单眼—复眼区及单眼前区光滑、闪光，沿复眼内缘及侧单眼下方仅具稀的细刻点；颚眼区长约为上颚基部宽的 1.2 倍；唇基微隆起，中央光滑，均匀地具细小刻点；上唇片突宽，近梯形状，宽于上唇基部宽的 0.5 倍；头部毛灰黄色，夹有黑毛；中躯背部毛黑色，夹有灰毛；中躯侧面毛灰白色；后躯第 1~2 背板毛奶黄色；后躯第 3 背板毛黑色；后躯第 4~5 背板毛橘红色。雄体长 12.0~15.0 mm；头部、中躯毛黑色；后躯第 1~2 背板毛亮黄色；后躯第 3~6 背板毛黄褐色。

拜访植物　无记录。

分　　布　云南，西藏（墨脱县）；印度，巴基斯坦，尼泊尔，缅甸，泰国，老挝，越南，不丹。

图 27 蜂王：a.体侧面观，b.体背面观，c.后躯背面观，d.头前面观。

Bombus (*Pyrobombus*) *avanus* (Skorikov, 1938)

Pratibombus avanus Skorikov, 1938: 2, ♀, ♂, worker.

阿熊蜂

鉴别特征 蜂王体长 15.0~16.0 mm，工蜂体长 9.0~12.0 mm；蜂王与工蜂后足胫节外表面宽、平，边缘具毛，形成粉筐；中足基跗节端后角尖、圆，不呈刺状；后足基跗节后缘直，黄褐色；颚眼区长约为上颚基部宽的 1.2 倍；单眼—复眼区沿复眼内缘外半部具分散的大刻点和小刻点；头部毛灰黄色，夹有黑色毛；中躯背面毛灰黄色，密夹黑色毛；中躯侧面毛黄白色或灰黄色，侧面上 1/3 部夹有少量黑色毛；后躯第 1 背板毛黄白色或灰黄色；后躯第 2 背板毛色有变异，通常为灰黄色，但背板前侧缘具黑色毛，背板偶尔毛灰色，但后缘、正中和侧缘夹有黑毛；后躯第 3 背板毛通常为黑色，后缘毛苍白色；后躯第 4~6 背板毛橘黄色，无黑毛。雄体长 11.0~12.0 mm；体毛颜色主要为亮黄色或灰黄色，夹有黑毛；后躯第 4~7 背板毛橘黄色；触角仅伸达翅基片；后足胫节外表面具稀疏而短的横卧的苍白色毛；后足基跗节后缘最长的毛短于基跗节最宽处的宽；阳茎瓣端部具内弯的镰刀状头，镰刀状头的内弯头长大于宽，顶端窄而圆，腹侧角靠近镰刀状头；生殖刺突端三角状，长宽几乎相等，无内端突，靠近内侧边缘具纵沟，以几乎与镰刀状头最宽处一样的距离与生殖突基节分离。

拜访植物 菊科（Asteraceae）、凤仙花科（Balsaminaceae）、川续断科（Dipsacaceae）、马钱科（Loganiaceae）、毛茛科（Ranunculaceae）、蔷薇科（Rosaceae）。

分　　布 西藏*（亚东县、定结县、聂拉木县、吉隆县、错那县），云南，四川；缅甸。

图 28 a-c. 工蜂：a.头前面观，b.后躯背面观，c.前翅；d-g. 雄：d.体侧面观，e.体背面观，f.后躯背面观，g.头前面观。

Bombus (Pyrobombus) infirmus (Tkalcŭ, 1968)

Pyrobombus (Pyrobombus) infirmus Tkalcŭ, 1968: 24, ♂.

弱熊蜂

鉴别特征 蜂王体长 16.0~17.0 mm，工蜂体长 8.0~13.0 mm；蜂王与工蜂后足胫节外表面宽、平，边缘具毛，形成粉筐；中足基跗节端后角尖、圆，不呈刺状；后足基跗节后缘直；颚眼区长约为上颚基部宽的 1.1 倍；单眼—复眼区沿复眼内缘具分散的大刻点和小刻点；头部毛灰黄色，夹有黑毛；蜂王中躯背面前缘具灰黄色毛带，夹有黑毛，中躯侧面上 1/3 部毛灰黄色，夹有黑毛，侧面下 2/3 部毛白色，无黑毛；工蜂中躯背面前缘具亮黄色毛带，夹有黑毛，中躯侧面上 1/3 部毛亮黄色，夹有黑毛，侧面下 2/3 部毛白色，无黑毛；蜂王后躯第 1~2 背板毛灰黄色，后躯第 3 背板黑色，后躯第 4~5 背板黑色，端缘夹有白毛；工蜂后躯第 1~2 背板毛灰亮黄色，后躯第 3 背板前缘毛黑色，后躯第 4~5 背板毛黑色，端缘夹有白毛。雄体长 10.0~14.0 mm；体毛颜色似工蜂，但头部、中躯侧面毛色更黄；后躯第 4~7 背板毛黄色，无白毛；触角仅伸达翅基片；阳茎瓣端部具内弯的镰刀状头，镰刀状头的内弯头三角状，宽大于长，腹侧角靠近镰刀状头；生殖刺突端三角状，无内端突，靠近内侧边缘具纵沟。

拜访植物 菊科（Asteraceae）、杜鹃花科（Ericaceae）、马钱科（Loganiaceae）、柳叶菜科（Onagraceae）。

分　　布 陕西，西藏（亚东县），云南，四川；印度，缅甸，阿富汗。

a

蜜蜂科 Apidae | 第二次青藏高原综合科学考察西藏蜜蜂类图鉴

图 29 a-e. 蜂王：a. 体前面观，b. 体背面观，c. 后躯背面观，d. 头前面观，e. 前翅；f-i. 工蜂：f. 体侧面观，g. 头前面观，h. 后躯背面观，i. 前翅。

Bombus (*Pyrobombus*) *lemniscatus* Skorikov, 1912

Bombus lemniscatus Skorikov, 1912: 607, ♀.

饰带熊蜂

鉴别特征 蜂王体长 16.0~18.0 mm，工蜂体长 10.0~12.0 mm；蜂王与工蜂后足胫节外表面宽、平，边缘具毛，形成粉筐；中足基跗节端后角尖、宽圆，不呈刺状；后足基跗节后缘直；颚眼区长约为上颚基部宽的 1.1 倍；单眼—复眼区沿复眼内缘具分散的大刻点和小刻点；头部毛黑色；中躯毛黑色，前缘具灰白色毛带，后缘灰白色毛带窄或无；后躯第 1 背板毛白色；后躯第 2 背板毛黄色，侧缘具白毛，后缘有时亦具白毛；后躯第 3 背板前缘毛黑色，侧缘毛白色，后缘毛橘红色；后躯第 4~5 背板毛橘红色。雄体长 10.0~12.0 mm；体毛颜色似雌； 触角仅伸达翅基片；阳茎瓣端部具内弯的镰刀状头，镰刀状头的内弯头尖、长大于宽、几乎呈刺状，腹侧角靠近镰刀状头；生殖刺突端三角状，无内端突，靠近内侧边缘具纵沟。

拜访植物 石蒜科（Amaryllidaceae）、菊科（Asteraceae）、忍冬科（Caprifoliaceae）、唇形科（Lamiaceae）、豆科（Fabaceae）、蓼科（Polygonaceae）、毛茛科（Ranunculaceae）、玄参科（Scrophulariaceae）、败酱科（Valerianaceae）。

分　　布 内蒙古，陕西，甘肃，青海，西藏（亚东县、吉隆县），湖北，四川，云南。

b

c

图30 a-c.蜂王：a.体前面观，b.头前面观，c.后躯背面观；d-f.工蜂：d.头前面观，e.后躯背面观，f.前翅。

Bombus (Pyrobombus) lepidus Skorikov, 1912

Bombus lepidus Skorikov, 1912: 606, ♀.

小雅熊蜂

鉴别特征 蜂王体长 13.0～15.0 mm，工蜂体长 8.0～11.0 mm；蜂王与工蜂后足胫节外表面宽、平，边缘具毛，形成粉筐；中足基跗节端后角尖、宽圆，不呈刺状；后足基跗节后缘直；颚眼区长约为上颚基部宽的 1.0～1.1 倍；唇基中央呈球状隆起；单眼—复眼区沿复眼内缘具分散的大刻点和极少的小刻点，复眼顶端刻点小、密；唇基基部、唇基上区、触角窝周围及额区毛灰白，夹有黑毛；头顶毛黑色；中躯背板前、后缘具灰白色或黄色毛带，翅基片间具宽的黑毛带，中躯侧面毛灰白色或黄色，靠近翅基片的部分夹有黑毛；后躯第 1 背板毛白色或黄色；后躯第 2 背板毛黄色，侧缘具白毛，后缘具黑毛或具一些橘红色毛；后躯第 3 背板前缘毛黑色，后缘毛橘红色，侧缘毛白色；后躯第 4～5 背板毛橘红色。雄体长 9.0～12.0 mm；体毛颜色似雌；翅基片间具黑毛带或黄色毛带；触角仅伸达翅基片；阳茎瓣端部具内弯的镰刀状头，镰刀状头的内弯头端部宽，长大于宽，腹侧角靠近镰刀状头；生殖刺突端三角状，无内端突，靠近内侧边缘具纵沟。

拜访植物 菊科（Asteraceae）、紫草科（Boraginaceae）、忍冬科（Caprifoliaceae）、景天科（Crassulaceae）、杜鹃花科（Ericaceae）、唇形科（Lamiaceae）、豆科（Fabaceae）、柳叶菜科（Onagraceae）、毛茛科（Ranunculaceae）、玄参科（Scrophulariaceae）。

分　　布 内蒙古，陕西，宁夏，甘肃，青海，西藏（亚东县、吉隆县），湖北，四川，云南；缅甸，尼泊尔，印度，巴基斯坦，菲律宾，马来西亚，印度尼西亚。

a

图31 工蜂：a.体侧面观，b.头前面观，c.后躯背面观。

Bombus (*Pyrobombus*) *picipes* Richard, 1934
Bombus (*Pratobombus*) *parthenius* var. *picipes* Richard, 1934: 90, worker.

重黄熊蜂

鉴别特征 蜂王体长 15.0～17.0 mm，工蜂体长 9.0～12.0 mm；蜂王与工蜂后足胫节外表面宽、平，边缘具毛，形成粉筐；中足基跗节端后角尖、宽圆，不呈刺状；后足基跗节后缘直；颚眼区长约为上颚基部宽的 1.0～1.1 倍；上唇具侧瘤，侧瘤具少许粗糙刻点，正中上唇沟宽；单眼—复眼区沿复眼内缘具分散的大刻点和极少的小刻点；蜂王中躯背板毛黄色，夹有黑色毛，黑毛在翅基片间汇集成窄的黑毛带或黑毛斑；后躯第 1～2 背板毛黄色；后躯第 2 背板侧缘及后缘夹有黑毛；后躯第 3 背板毛黑色；后躯第 4 背板毛黑毛，后缘具橘色毛；后躯第 5 背板毛橘色；体型较大的工蜂中躯背板毛黄色，夹有黑毛，翅基片间具窄的黑毛带，后躯第 3 背板后缘具宽的黄毛；体较小的工蜂头、中躯背面及后躯第 3 背板毛均亮柠檬黄色或灰黄色，夹有一些黑毛。雄体长 9.0～12.0 mm；体毛颜色亮柠檬黄色，夹有黑色毛；触角仅伸达翅基片；阳茎瓣端部具强向外然后又内弯的镰刀状头，呈"S"形，腹侧角靠近镰刀状头；生殖刺突端三角状，无内端突，靠近内侧边缘具纵沟。

拜访植物 菊科（Asteraceae）、川续断科（Dipsacaceae）、唇形科（Lamiaceae）、锦葵科（Malvaceae）、蔷薇科（Rosaceae）。

分　　布 北京，天津，河北，山西，河南，陕西，宁夏，甘肃，青海，西藏*（错那县、吉隆县）。

a

图32 工蜂：a.体侧面观，b.体背面观，c.头前面观，d.后躯背面观，e.前翅。

Bombus (*Sibiricobombus*) *oberti* Morawitz, 1883
Bombus oberti Morawitz, 1883: 238, ♂.

欧熊蜂

鉴别特征　蜂王体长 22.0~23.0 mm，工蜂体长 14.0~18.0 mm；后足胫节外表面宽、平，边缘具毛，形成粉筐；上颚端部宽圆，具 2 前齿；中足基跗节端后角尖；侧单眼—复眼间无刻点区交小，界限清楚；唇基稍隆起，中央光滑、闪光，具分散的细小刻点；颚眼区长约为上颚基部宽的 1.3 倍；头部毛黑色；中躯背面前、后缘毛黄白色或苍白色；翅基片间具宽的黑色毛带；中躯侧面毛黄白色或苍白色；后躯第 1~2 背板毛黄白色或白色；后躯第 3 背板端缘毛橘红色，侧缘夹有少许黑毛；后躯第 4~6 背板毛棕黄色，侧缘夹有白毛。

拜访植物　豆科（Fabaceae）。

分　布　青海，新疆，西藏（普兰县）；印度，哈萨克斯坦，塔吉克斯坦。

图 33 工蜂：a. 体侧面观，b. 后躯背面观，c. 头前面观，d. 前翅。

Bombus (Sibiricobombus) sibiricus (Fabricius, 1781)

Apis sibiricus Fabricius, 1781: 478, ♀, ♂, worker.

西伯熊蜂

鉴别特征 蜂王体长 20.0~25.0 mm，工蜂体长 12.0~19.0 mm；蜂王与工蜂后足胫节外表面宽、平，边缘具毛，形成粉筐；上颚端部宽圆，具2前齿；中足基跗节端后角尖；颚眼区长约为上颚基部宽的 1.3 倍；头部毛黑色；中躯背面毛黄色，翅基片间具橘黄色或黑色毛带；中躯侧面上部毛黄色，下部毛黑色；后躯第 1~3 背板毛黄色；后躯第 4~5 背板毛黑色。雄体长 13.0~17.0 mm；触角长，伸达翅基片后缘；后躯第 1~3 背板毛黄色；后躯第 4~7 背板毛黑色；后躯第 6~7 背板端缘或夹有黄褐色或棕黄色毛。

拜访植物 菊科（Asteraceae）、豆科（Fabaceae）、唇形科（Lamiaceae）、锦葵科（Malvaceae）、蔷薇科（Rosaceae）、柽柳科（Tamaricaceae）。

分　布 北京，河北，内蒙古，山西，陕西，宁夏，甘肃，新疆，西藏*（吉隆县、普兰县）；蒙古，俄罗斯。

a

蜜蜂科 Apidae | 第二次青藏高原综合科学考察西藏蜜蜂类图鉴

蜜蜂科 Apidae

第二次青藏高原综合科学考察西藏蜜蜂类图鉴

图34 a-c. 工蜂：a.体侧面观，b.头前面观，c.后躯面观；d-h.雄：d.体侧面观，e.体背面观，f.后躯背面观，g.头前面观，h.前翅。

Bombus (Subterraneobombus) difficillimus Skorikov, 1912
Bombus difficillimus Skorikov, 1912: 609, ♀.

猛熊蜂

鉴别特征	蜂王体长 19.0~21.0 mm，工蜂体长 12.0~19.0 mm；蜂王与工蜂后足胫节外表面宽、平，边缘具毛，形成粉筐；中足基跗节端后角尖；颊眼区长约为上颚基部宽的 2.0 倍；唇基隆起强，中央光滑、闪光，具极少分散的细刻点，基部及两侧具粗刻点；头部毛黑色；中躯背面前、后缘具奶黄色毛带，翅基片间具黑色毛带；后躯第 1~2 背板毛奶黄色；后躯第 3~5 背板毛黑色。雄体长 14.0~18.0 mm；头部毛黑色；触角长，伸达翅基片后缘；阳茎瓣端头勺状，端头侧突浆状，腹侧角具 3 齿，其中背侧齿强；生殖刺突长短于宽、内近端突宽、无刺；阳茎基腹铗内钩退化，呈弱小齿状。
拜访植物	玄参科（Scrophulariaceae）、豆科（Fabaceae）。
分　　布	甘肃，青海，西藏（白朗县、吉隆县、普兰县、日土县），四川；印度，巴基斯坦，吉尔吉斯斯坦。

f

g

图 35 a-d. 蜂王：a. 体侧面观，b. 体背侧面观，c. 头前面观，d. 后躯背面观；e-i. 工蜂：e. 体背侧面观，f. 后躯背面观，g. 头前面观，h-i. 生态照。

Bombus (*Subterraneobombus*) *personatus* Smith, 1879

Bombus personatus Smith, 1879: 132, ♀.

伪猛熊蜂

鉴别特征 蜂王体长 19.0~20.0 mm，工蜂体长 14.0~16.0 mm；蜂王与工蜂后足胫节外表面宽、平，边缘具毛，形成粉筐；中足基跗节端后角尖；颚眼区长约为上颚基部宽的 1.9 倍；唇基微隆起，中央光滑、闪光，具分散的细刻点，基部及两侧具粗刻点；头部毛黑色；中躯背面前、后缘具奶黄色毛带，翅基片间具黑色毛带；后躯第 1~2 背板毛奶黄色；后躯第 3~5 背板毛黑色，背板端缘夹有白色毛。雄体长 16.0 mm；体毛颜色似雌，头部毛黄色，夹有黑色毛；后躯第 3~7 背板毛淡黄色，夹有黑色毛；触角长，伸达翅基片后缘；阳茎瓣端头勺状，端头近端末侧具刺，腹侧角圆，具 1 背侧齿；生殖刺突长短于宽，内近端突宽、无刺；阳茎基腹铗内钩退化，呈弱小齿状。

拜访植物 石蒜科（Amaryllidaceae），菊科（Asteraceae），豆科（Fabaceae），毛茛科（Ranunculaceae），玄参科（Scrophulariaceae），败酱科（Valerianacea）。

分　　布 甘肃，青海，西藏（普兰县），四川；尼泊尔，印度。

蜜蜂科 Apidae

第二次青藏高原综合科学考察西藏蜜蜂类图鉴

d

e

图36 a-c. 工蜂：a.体侧面观，b.头前面观，c.后躯背面观；d-g. 雄：d.体侧面观，e.体背面观，f.头前面观，g.前翅。

Bombus (Psithyrus) tibetanus (Morawitz, 1887)

Apathus tibetanus Morawitz, 1887: 202, ♀.

西藏拟熊蜂

鉴别特征 雌体长 15.0~16.0 mm；后足胫节外表面凸，密被中等长度的毛，不形成粉筐；上唇片突尖三角状，盖于上唇之上；上唇沟略小于上唇宽的 1/3；后躯第 6 腹板具侧脊，侧脊膨胀，呈"U"形；中躯背板毛黑色，前缘具宽的黄色毛带，后缘黄色毛带窄；后躯第 1~2 背板毛黄色；后躯第 3 背板毛黑色，基部夹有黄毛；后躯第 4~5 背板毛黄褐色，夹有苍白色毛。雄体长 12.0~14.0 mm；中躯背板毛黑色，前缘具黄色毛带；后躯第 1~2 背板毛黄色；后躯第 3~7 背板毛黑色；后躯第 5~7 背板常具白色的缘毛；生殖刺突和阳茎基腹铗骨化弱，生殖刺突退化成一短横条，具密毛；阳茎瓣腹侧角几乎呈刺状；阳茎基腹铗近端部具一宽三角形的内翻的突起，近中部具一内突。

拜访植物 石蒜科（Amaryllidaceae）、菊科（Asteraceae）、豆科（Fabaceae）、毛茛科（Ranunculaceae）。

分　　布 甘肃，青海，西藏（亚东县），四川，云南；印度。

a

图 37 雌：a.体侧面观，b.后躯背面观，c.头前面观。

Ceratina (Catoceratina) splendida Shiokawa, 2008

Ceratina splendida Shiokawa, 2008: 208, ♀.

光亮芦蜂　　中国新记录种

鉴别特征　雌体长 5.6～6.5 mm；体黑色、闪光；唇基端缘具长四边形黄斑；眼侧区具宽条形黄斑，黄斑顶端略变窄，颊区具细条状黄斑，前胸背突、所有足的胫节基部具小的黄斑；唇基端缘及两侧缘具分散的稀刻点；眼侧区黄斑具分散的稀刻点；中胸盾片基部 1/3 及侧缘具刻点，中央光滑、无刻点；小盾片具稀疏的刻点；中胸侧板具稀的刻点；后躯第 1 背板光滑、无刻点；后躯第 2～4 背板基部及端缘具刻点，中域刻点稀；后躯第 5 背板刻点密；后躯第 3～4 背板具明显的横隔线。雄（新描记）体长 5.5～6.0 mm；体黑色，闪光；唇基具倒 "T" 形黄斑；眼侧区下端、上唇中央端部、上颚基半部具黄斑；颊区具一细长条状黄斑；前胸背突黄色。

拜访植物　无记录。

分　　布　西藏＊（墨脱县）；巴基斯坦，印度，尼泊尔。

图38 a-d. 雌：a.体侧面观，b.头前面观，c.后躯背面观，d.前翅；e-h. 雄：e.体侧面观，f.体背面观，g.头前面观，h.后躯背面观。

Ceratina (*Neoceratina*) *dentipes* Friese, 1914

Ceratina dentipes Friese, 1914: 32, ♂.

齿胫芦蜂

鉴别特征 雌体长 5.0～6.0 mm；体黑色；唇基中部具一浅黄斑（斑长 2.0 倍于宽，基部及顶端圆）；前胸背突、前足及后足胫节、中足胫节基部各具一小斑，浅黄色；唇基黄斑光滑、无刻点，两侧刻点亦稀少；眼侧区、额及头顶刻点较大、稀；触角窝光滑；中胸盾片基部具细密的刻点，中央及后部无刻点；小盾片刻点细密；后躯第 1 背板几乎无刻点；后躯第 2～3 背板基部及端部刻点密，中域刻点较稀；后躯第 4～6 背板刻点细密。雄体长 4.0～6.0 mm；上唇具白斑；唇基前部两侧斑宽大，似倒"T"形；后足腿节中部膨大；后足胫节宽，内侧具圆钝齿，其上具一束长毛；后躯第 6 腹板端缘具小旗状突起；后躯第 7 腹板近乎三角形。

拜访植物 无记录。

分　　布 湖北，江西，广东，云南，西藏*（墨脱县）；斯里兰卡；尼泊尔，泰国，印度尼西亚，菲律宾，日本。

图 39 雌：a. 体侧面观，b. 头前面观，c. 后躯背面观，d. 前翅。

Ceratina (Pithitis) unimaculata Smith, 1879

Ceratina unimaculata Smith, 1879: 93, ♀, ♂.

蓝芦蜂

鉴别特征 雌体长 6.0~8.0 mm；体深蓝色；并胸腹节背区与斜区间具隆脊；唇基具宽三角形黄斑；前胸背突具一小黄斑；所有足胫节基部具一小黄斑；后躯第 2~3 背板具 2 黑色斑纹。雄体长 5.0~6.0 mm；似雌，但上唇具黄斑；唇基黄斑基部向两侧延长。

拜访植物 鸡冠花（Celosia cristata）、杜鹃花（Rhododendron simsii）、牡丹（Paeonia suffruticosa）、少毛白花苋（Aerva glabrata）。

分　　布 湖南，江苏，广东，福建，贵州，四川，西藏（墨脱县）；泰国，越南，新加坡，马来西亚，印度尼西亚，菲律宾。

图40 a-d.雌：a.体侧面观，b.后躯背面观，c.头前面观，d.前翅；e-h.雄：e.体侧面观，f.体背面观，g.头前面观，h.后躯背面观。

Epeolus (Epeolus) tibetanus Meade-Waldo, 1913

Epeolus tibetanus Meade-Waldo, 1913: 95, ♀.

西藏绒斑蜂

鉴别特征　雌体长 6.0～9.0 mm；上唇、唇基上区、额、颜侧、触角窝周围、前胸背板、中胸侧板上部、后盾片、并胸腹节两侧均被灰白色绒毛；侧面观时颊窄于复眼；头顶及颊后缘具脊；头顶、中胸盾片、小盾片及翅基片具粗糙的大刻点；腋片后侧齿突小而尖；小盾片中央凹；后躯第 1～4 背板具白色的端毛带；后躯第 1 背板基部斜截面亦被白色绒毛；后躯第 2～4 腹板被短的白色绒毛；后躯第 6 腹板侧端齿宽，长不超过宽的 5.0 倍，侧端齿顶端具刚毛。雄体长 6.0～8.5 mm；似雌，后躯第 1～6 背板具白色端毛带；后躯第 1 背板基部斜截面亦被白色绒毛；后躯第 2～3 腹板被短的白色绒毛；后躯第 4～5 腹板端缘具黄白色整齐长毛；后躯第 7 背板上的臀板顶端近平截状，两侧缘具脊，中央具刻点；生殖器结构及后躯第 7 腹板结构如图 41 k-l 所示。

拜访植物　斜茎黄芪（*Astragalus adsurgens*）、劲直黄芪（*Astragalus strictus*）、小花棘豆（*Oxytropis glabra*）。

分　　布　四川，西藏（察雅县、波密县、白朗县、聂拉木县、定日县、吉隆县、普兰县、仁布县、日土县）。

图41 a-f. 雌：a.体侧面观，b.体背面观，c.后躯背面观，d.头前面观，e.后躯第6腹板，f.前翅；g-l.雄：g.体侧面观，h.体背面观，i.后躯背面观，j.头前面观，k.生殖器背面观，l.第7腹板腹面观。

Melecta (*Melecta*) *emodi* Baker, 1997
Melecta emodi Baker, 1997: 253, ♀.

喜马拉雅毛斑蜂

鉴别特征 雌体长 10.0~12.0 mm；体黑色；小盾片后缘圆；后躯第 2~4 背板具整齐的白色端毛带；后翅前缘具 16 个翅钩；中足胫节端部具向外弯的刺；中足及后足胫节端部外侧具外弯的长刺；唇基、唇基上区、眼侧区、颊区、中胸侧板及小盾片均被黑色毛；头顶、中胸盾片基半部被白色毛，夹有少量黑色毛；后躯第 1 背板被白色长毛，两侧呈毛斑状；后躯第 2~4 背板被短的黑色毛；足被稀的黑色毛，但中足胫节及后足胫节基部外侧具白色毛斑。

拜访植物 小花棘豆（*Oxytropis glabra*）。

分　　布 西藏（普兰县、日土县、聂拉木县）。

图 42 雌：a. 体侧面观，b. 头前面观，c. 后躯背面观。

Nomada gyangensis Cockerell, 1911

Nomada gyangensis Cockerell, 1911b: 176, ♂.

江孜艳斑蜂

鉴别特征 雄体长 10.0~11.5 mm；头、中躯具淡黄色毛；触角柄节及梗节前表面和鞭节上表面黑褐色，柄节及梗节后表面和鞭节下表面棕黄色；唇基端半部、上唇、上颚近基部 2/3、触角窝以下的眼侧区、颚眼区、前胸背板两端、前胸背突、中胸盾片近翅基片部分、翅基片、小盾片及后盾片均黄色；后躯第 1~6 背板具黄色宽条纹；臀板宽、顶端圆，臀板黄色；足的基节、前足及中足腿节下表面、后足腿节具黑褐色斑，其余足的部分黄褐色或黄色。

拜访植物 无记录。

分　　布 西藏（白朗县、江孜县）。

图 43 雄：a.体侧面观，b.体背面观，c.头前面观，d.后躯背面观。

Thyreus ramosus (Lepeletier, 1841)

Crocisa ramosa Lepeletier, 1841: 451, ♂.

枝盾斑蜂

鉴别特征 雌体长 10.0~11.0 mm；体黑色；唇基上区强隆起，呈脊状；唇基、唇基上区、眼侧区、触角窝周围、触角柄节、头顶、颊区、中胸侧板、并胸腹节两侧均被白色羽状毛；中胸盾片具白色毛斑；小盾片端缘宽凹，内被蜜而长的白色羽状毛；后躯第 1~5 背板具白色羽状毛斑；后躯第 1~2 背板毛斑宽"L"形；所有足的胫节及跗节具棘刺，外侧被白色的羽状毛。雄体长 12.0~13.0 mm；体黑色；似雌，但中胸盾片基半部被稀疏的长白色羽状毛，不呈毛斑状。

拜访植物 草木樨（*Melilotus officinalis*）。

分　　布 内蒙古，湖北，西藏*（普兰县、札达县）；非洲，欧洲，中亚，印度，俄罗斯（欧洲部分）。

图44 雌：a.体侧面观，b.后躯背面观，c.头前面观，d.前翅。

Thyreus himalayensis (Radoszkowski, 1893)

Crocisa himalayensis Radoszkowski, 1893: 171, ♂.

喜马拉雅盾斑蜂

鉴别特征 雌体长 9.5~11.5 mm；体黑色；唇基上区强隆起，呈脊状；唇基、唇基上区、眼侧区、颊区、中胸侧板被蓝色羽状毛；头顶、并胸腹节两侧均被白色羽状毛；中胸盾片具蓝色毛斑；小盾片端缘宽凹，内被窄而长的白色羽状毛；后躯第 1~5 背板具蓝色羽状毛板；后躯第 1 背板基部具蓝色毛，两侧毛斑宽"L"形；中足及后足的胫节及跗节具棘刺；前足胫节和基跗节外表面、中足基节及腿节端部外表面和胫节及跗节外表面、后足基节及胫节基半部外表面和胫节及跗节外表面均具蓝色羽状毛。雄体长 10.0~11.0 mm；体黑色；似雌，但后足腿节中部下方具一三角形突起；生殖器结构及后躯第 7、8 腹板结构如图 45 j-l 所示。

拜访植物 无记录。

分　　布 北京，浙江，四川，西藏*（墨脱县），香港，台湾；德国，印度，不丹，老挝，越南，泰国，韩国，日本，新加坡，印度尼西亚，马来西亚。

i

j

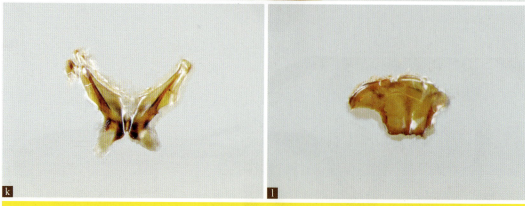

k　　　　　　　　　　　　　　l

图 45 a-d. 雌：a.体侧面观，b.后躯背面观，c.头前面观，d.翅；e-l. 雄：e.体侧面观，f.后躯背面观，g.头前面观，h.翅，i.后足，j.生殖器背面观，k.后躯第7腹板腹面观，l.后躯第8腹板腹面观。

Xylocopa (*Platynopoda*) *perforator* Smith, 1861

Xylocopa perforator Smith, 1861a: 61, ♀, ♂.

穿孔木蜂

鉴别特征　雌体长 22.0~24.0 mm；体黑色；翅闪蓝紫色光泽；唇基基部两侧隆起，端部扁平，两侧具大而稀的刻点，中部光滑、无刻点；中胸盾片中央光滑、无刻点；小盾片端缘具脊，截断状；后躯宽扁；后躯第 1 背板截断状、具脊；后足胫基板位于胫节中央，端缘完整不分叉；唇基前缘、触角窝周围、头顶、中胸盾片基半部及两侧、小盾片两侧、后躯背板两侧均被黑色毛；足被黑色至黑褐色毛；后足胫节及基跗节毛刷黑褐色。

拜访植物　无记录。

分　　布　云南，西藏（墨脱县）；印度尼西亚，马来西亚。

图 46 雌：a. 体侧面观，b. 体背面观，c. 头前面观，d. 后足胫基板。

Xylocopa (*Zonohirsuta*) *dejeanii* Lepeletier, 1841

Xylocopa dejeanii Lepeletier, 1841: 209, ♂.

德氏木蜂

鉴别特征　雌体长 17.0~20.0 mm；体黑色；中胸盾片前缘被浅黄色绒毛；上颚 2 齿；侧单眼后侧各具一平滑小区；唇基刻点较粗大，中央较稀，前缘光滑；中胸盾片四周刻点密，中央稀；后足胫基板位于胫节 1/2 处，顶端分叉；唇基前缘具褐色毛。雄体长 17.0~20.0 mm；体黑色；上颚基部、唇基、唇基上区、眼侧区、中单眼下的"Y"形斑、侧单眼上方的斑均黄色；头顶、颊、中胸盾片、中胸侧板、小盾片、后躯第 1~3 背板均被灰黄色毛；后躯第 4~7 背板被黑色毛；前足胫节及跗节外侧密被黄色长毛；中足及后足胫节和跗节外侧被稀的黄色毛，杂有黑色毛。

拜访植物　无记录。

分　　布　河南，江西，福建，广西，广东，贵州，云南，西藏（墨脱县），香港，台湾；印度，越南，老挝，缅甸，新加坡，印度尼西亚。

a

蜜蜂科 Apidae ｜ 第二次青藏高原综合科学考察西藏蜜蜂类图鉴

图47 a-e. 雄：a.生态照，b.体侧面观，c.头前面观，d.后躯背面观，e.后翅；f-g. 雌：f.体侧面观，g.头前面观。

Lepidotrigona ventralis (Smith, 1857)
Trigona ventralis Smith, 1857: 50, worker.

黄纹鳞无刺蜂

鉴别特征	工蜂体长 4.0～5.0 mm；前翅无亚缘室；后足胫节外缘毛简单、非羽状；后单眼至头顶距离与后单眼至中单眼距离相等；后躯第 1 背板和腹板浅黄色；后躯第 2～5 背板棕褐色；后躯第 6 背板黄褐色；后躯第 2～3 背板端缘具黑褐色条纹；中胸盾片周缘及中胸侧板被淡黄色鳞状短毛。
拜访植物	砂仁（*Amomum villosum*）。
分　布	云南，西藏*（墨脱县）；缅甸，印度，斯里兰卡，马来西亚。

图 48 工蜂：a. 体侧面观，b. 后躯背面观，c. 头前面观，d. 前翅。

科考集锦（一）

科考队员与西藏高原生物所达娃老师团队成员合影

科考队员进藏前与乔格侠老师合影

牛泽清和张丹测量蜂巢（定日县）

牛泽清观察、采集古城堡蜂类（定日县）

朱朝东指导扫网操作

朱朝东在夜间采集标本（白朗县）

吴清涛放置诱集黄盘（定日县）

标本采集"哼哈二将"——吴清涛和张丹（吉隆县）

准蜂科
Melittidae

2

第二次青藏高原综合科学考察
西藏蜜蜂类图鉴

Melitta (Cilissa) harrietae (Bingham, 1897)

Andrena harrietae Bingham, 1897: 446, ♀.

喜马拉雅准蜂

鉴别特征 雌体长 13.0~15.0 mm；体黑色；唇基基部刻点较密，端部渐稀，顶端边缘光滑，中央有一纵向平滑纹；颜面刻点密，两侧单眼外侧至复眼顶角光滑，几乎无刻点；额中央具一纵脊；颚眼区长宽近相等；不同个体毛色变化很大；唇基及颜面被黑色毛、夹有灰白色毛或被白色毛、有少量黑色毛；中胸盾片被黑色毛，或被黄褐色或棕褐色毛；后躯第 1 背板被白色毛；后躯第 2 背板被黑色或黄褐色毛，夹有黑色毛；后躯第 3~6 背板被红褐色长毛；有些个体后躯第 4~6 腹板及背板两侧被白色毛或后躯第 2~5 背板均被白毛。雄体长 12.0~14.0 mm；唇基、颜面及颊密被浅黄色长毛；颜侧、触角窝周围及复眼外侧夹有黑色长毛；头顶被黑色毛，夹有黄色长毛；中胸盾片被灰色毛、夹有黑色长毛或被黄褐色毛；后躯第 1~2 背板被白色或浅黄色毛；后躯第 3~5 背板被棕黄色毛，夹有白色或黑色毛；后躯第 6 背板毛金黄色或狐红色。

拜访植物 劲直黄芪（*Astragalus strictus*）、小花棘豆（*Oxytropis glabra*）、紫云英（*Astragalus sinicus*）。

分　　布 青海，四川，西藏（亚东县、米林县、白朗县、聂拉木县、吉隆县、康马县、普兰县）；印度。

a

d

e

图49 a-e. 雌：a. 体侧面观，b. 体背面观，c. 后躯背面观，d. 头前面观，e. 前翅；f-j. 雄：f. 体侧面观，g. 体背面观，h. 后躯背面观，i. 头前面观，j. 翅。

科考集锦（二）

科考队员在午餐（白朗县）

朱朝东观察采集寄主植物

吴清涛和张丹在整理标本（波密县）

吴清涛和张丹在寻找木蜂巢（墨脱县）

吴清涛在制作标本（吉隆县）

张丹在整理标本（札达县）

吴清涛和张丹在制作标本（中科院动物所）

切叶蜂科
Megachilidae

第二次青藏高原综合科学考察
西藏蜜蜂类图鉴

Megachile (Eutricharaea) argentata (Fabricius, 1793)

Apis argentata Fabricius, 1793: 336, ♀.

双斑切叶蜂

鉴别特征　雌体长 8.0~10.0 mm；体黑色；上颚 4 齿；唇基及额中央具宽的光滑纵纹；唇基、颜面、颊区、中胸侧板、并胸腹节及后躯第 1 背板均被白色长毛；后躯第 1~5 背板具白色端毛带；后躯第 3~5 背板被短而稀的黑毛；后躯第 6 背板具 2 圆白毛斑，夹有黑毛；腹毛刷白色；后躯第 2~5 腹板白色毛刷下具白色端毛带；后躯第 6 腹板毛黑色。

拜访植物　豆科（Fabaceae）。

分　　布　内蒙古，甘肃，新疆，西藏*（札达县）；欧洲，北非，北美，俄罗斯（西伯利亚地区、远东地区）。

图 50 雌：a.体侧面观，b.体背面观，c.头前面观，d.前翅。

Megachile (Eutricharaea) rotundata (Fabricius, 1787)
Apis rotundata Fabricius, 1787: 303, ♂.

苜蓿切叶蜂

鉴别特征 雌体长 8.0～9.0 mm；体黑色；上颚 4 齿；唇基及额刻点大；唇基中央具纵的窄光滑纹，唇基端缘中央具 2 小三角形突起；后躯第 2 背板两侧各具 1 表面被浅黄色细毛的浅凹；唇基、额区被白色毛；头顶、中胸盾片被黑褐色毛；并胸腹节被白色长毛；后躯第 1～5 背板具白色端毛带，后躯第 1 背板被白色毛，后躯第 2～5 节背板被短而稀的黑毛，后躯第 6 背板中央被白色毛，夹有黑毛；腹毛刷白色；后躯第 6 腹板毛黑色；后躯第 1～5 腹板在腹毛刷下具白色端毛带。雄体长 7.0～8.0 mm；体黑色；腹部两侧平行；后躯第 2 背板两侧各具 1 表面被浅黄色细毛的浅凹；后躯第 6 背板密被白色绒毛，端缘具齿。

拜访植物 菊科（Asteraceae）、豆科（Fabaceae）、唇形科（Lamiaceae）。

分　　布 北京，吉林，新疆，西藏*（札达县）；欧洲，北美。

切叶蜂科 Megachilidae

第二次青藏高原综合科学考察西藏蜜蜂类图鉴

图51 a-e.雌：a.体侧面观，b.体背面观，c.头前面观，d.前翅，e.后躯背面观；f-i.雄：f.体侧面观，g.体背面观，h.头前面观，i.翅。

Megachile (Megachile) melanopyga Costa, 1863

Megachile melanopyga Costa, 1863: 45, ♀.

黑尾切叶蜂   中国新记录种

鉴别特征　雌体长 11.0~12.0 mm；上颚 4 齿，第 2 间隙具切迹；唇基宽大于长，端缘中央凹，具粗大刻点；颜面、中胸盾片被暗黄褐色毛；头顶被黑毛；颊区、中胸侧板被黄褐色毛；后躯第 1 背板被黄褐色长毛；后躯第 2~5 背板具黄褐色羽状端毛带；后躯第 6 背板被短而密的暗黄色绒毛；后躯第 2~4 腹板及第 5 腹板基部具金黄色毛；后躯第 5 腹板端部及第 6 腹板具黑色毛；足黑色，具稀的金黄色毛。雄体长 10.0~11.0 mm；颜面具长而密的黄毛；头顶、中胸盾片中央被黑色毛；后躯第 1 背板被长的黄褐色毛；后躯第 2~5 背板具黄褐色羽状端毛带；后躯第 6 背板中央凹，端缘圆。

拜访植物　无记录。

分　　布　西藏*（墨脱县）；欧洲，中东，阿塞拜疆，俄罗斯。

切叶蜂科 Megachilidae

第二次青藏高原综合科学考察西藏蜜蜂类图鉴

图52 a-d.雌：a.体侧面观，b.体背面观，c.头前面观，d.前翅；e-h.雄：e.体侧面观，f.体背面观，g.头前面观，h.翅。

Megachile (Pseudomegachile) rupshuensis Cockerell, 1911

Megachile rupshuensis Cockerell, 1911c: ♀.

拟拉达切叶蜂

鉴别特征　雌体长 9.0～10.0 mm；体黑色；上颚端部具两尖齿，除齿外的上颚边缘平直，无明显的齿；后躯第 2～5 背板具白色端毛带；腹毛刷狐红色；颜面、颊区、中胸侧板、并胸腹节及后躯第 1～2 背板被浅黄色长毛；后躯第 3～5 背板被狐红色毛；后躯第 6 背板被白色倒伏状纤毛；各足第 2～4 跗节锈色；各足基跗节内侧毛狐红色。

拜访植物　斜茎黄芪（*Astragalus adsurgens*）、劲直黄芪（*Astragalus strictus*）、小花棘豆（*Oxytropis glabra*）、紫云英（*Astragalus sinicus*）。

分　　布　西藏（定日县、吉隆县、普兰县）；印度。

图 53 雌：a. 体侧面观，b. 体背面观，c. 后躯背面观，d. 头前面观。

Megachile (Xanthosarus) circumcincta (Kirby, 1802)

Apis circumcincta Kirby, 1802: 246, ♀.

圈切叶蜂

鉴别特征 雌体长 11.0~13.0 mm；体黑色；腹毛刷狐红色，端节夹有黑色毛；唇基微隆起，具细密的圆刻点，中央具光滑纵纹；上颚4齿，第3间隙具切迹；后躯第1~2背板被灰白色长毛；后躯第3~5背板被黑色短毛，背板端缘具白色短毛带。雄体长 10.0~12.0 mm；上颚基部具大的尖齿；触角第11鞭节分节宽扁；唇基端缘被密而整齐的白色长毛；唇基上区、眼侧、头顶被稀的白色长毛；后躯第2~5背板端缘具白色毛带；后躯第6背板端缘内凹，边缘圆，无小齿；前足腿节外侧橘红色；前足胫节端部黄白色；前足跗节宽扁、黄白色，下缘具密而长的白色毛，无黑色毛。

拜访植物 苜蓿属（*Medicago* spp.）、斜茎黄芪（*Astragalus adsurgens*）。

分　布 西藏（米林县、仁布县）；欧洲，俄罗斯（西伯利亚地区、远东地区）。

切叶蜂科 Megachilidae

图54 雄：a.体侧面观，b.体背面观，c.触角，d.后躯背面观，e.头前面观，f.翅。

Megachile (Xanthosarus) habropodoides Meade-Waldo, 1912

Megachile habropodoides Meade-Waldo, 1912: 472, ♀, ♂.

丽切叶蜂

鉴别特征	雌体长 13.0~15.0 mm；体黑色；上颚 4 齿，第 2 及第 3 间隙具切迹；头、中躯侧面及后躯第 1~4 背板密被黑色毛；后躯第 5~6 背板被狐红色毛；中躯背板密被浅黄色毛；腹毛刷狐红色；后躯第 1~2 腹板毛黑色。雄体长 11.0~14.0 mm；上颚宽大，4 齿；唇基及唇基上区密被浅黄白色长毛；前足跗节宽扁、浅黄色，外侧密被浅黄色毛；后躯第 1~4 背板被黑色毛；后躯第 5~6 背板被金黄色毛；后躯第 6 背板端缘中央内凹，两侧各具一齿状突；后躯第 7 背板端部中央尖三角形。
拜访植物	小花棘豆（*Oxytropis glabra*）、紫云英（*Astragalus sinicus*）。
分　　布	青海，新疆，西藏（聂拉木县、亚东县、山南市乃东区、八宿县、察雅县、普兰县）；印度。

切叶蜂科 Megachilidae

图55 a-e.雌：a.体侧面观，b.体背面观，c.后躯背面观，d.头前面观，e.翅；f-j.雄：f.体侧面观，g.体背面观，h.后躯背面观，i.头前面观，j.前翅。

Megachile (Xanthosarus) lagopoda (Linnaeus, 1761)

Apis lagopoda Linnaeus, 1761: 422, ♀, ♂.

小足切叶蜂

鉴别特征 雌体长 14.0~17.0 mm；体黑色；中胸盾片被淡黄色毛；后躯第 1~5 背板具淡黄色端毛带；上颚 4 齿，第 2 及第 3 间隙具切迹；唇基刻点密，中央具窄的光滑纵纹；唇基上区刻点似唇基刻点；后躯第 1 背板密被黄色毛；后躯第 2~3 背板被稀的黄色短毛；后躯第 4~5 背板被黑色短毛，夹有黄色毛；后躯第 6 背板被直立的黑色毛；腹毛刷浅黄色，向端部逐渐变为黄褐色，末节色较深，边缘夹有少量黑色毛。雄体长 11.0~15.0 mm；前足基节具长的突起；前足腿节粗，黑色，下表面黄色；前足胫节粗大，端部黄色；前足跗节宽扁、黄白色，外缘上表面密被白色长毛，下表面具黑褐色毛；后躯第 6 背板端缘中央内凹，边缘具不规则的小齿；生殖刺突顶端外侧呈双叉状，内侧具一尖突；后躯第 8 腹板结构如图 56 j 所示。

拜访植物 劲直黄芪（*Astragalus strictus*）、西藏铁线莲（*Clematis tenuifolia*）、草木樨（*Melilotus officinalis*）。

分　　布 北京，河北，内蒙古，黑龙江，上海，江苏，江西，山东，甘肃，新疆，四川，西藏（札达县、普兰县、芒康县）；欧洲，北非，中亚，日本，俄罗斯（远东地区）。

a

切叶蜂科 Megachilidae

图 56 a-c. 雌：a.体侧面观，b.体背面观，c.头前面观；d-j.雄：d.体侧面观，e.体背面观，f.头前面观，g.后躯背面观，h.前翅，i.生殖器背面观，j.后躯第8腹板腹面观。

Megachile (*Xanthosarus*) *maritima* (Kirby, 1802)
Apis maritima Kirby, 1802: 242, ♀.

海切叶蜂

鉴别特征 雌体长 14.0~17.0 mm；体黑色；中胸盾片被黄色长毛；后躯第 2~5 背板具淡黄色端毛带；后躯第 1 背板密被黄色长毛；后躯第 2~3 背板被稀的黄色长毛，夹有黑毛；后躯第 4~5 背板被黑色长毛；后躯第 6 背板被白色毡状柔毛和直立的黑色毛；腹毛刷淡黄色；后躯第 5 腹板端缘夹有黑色毛；后躯第 6 腹板毛黑色。雄体长 12.0~14.0 mm；唇基、唇基上区及眼侧区密被金黄色长毛；前足跗节宽扁，淡黄色，外缘上表面密被白色长毛，下表面毛黑褐色；后躯第 6 背板端缘中央内凹，边缘具不规则小齿；生殖刺突宽条状，顶端不分叉；后躯第 8 腹板结构如图 57 j 所示。

拜访植物 菊科（Asteraceae）、豆科（Fabaceae）。

分　　布 北京，河北，山西，内蒙古，吉林，黑龙江，西藏*（吉隆县）；欧洲，哈萨克斯坦，俄罗斯（远东地区）。

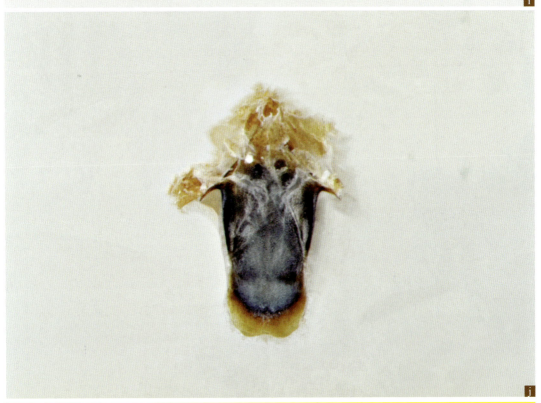

图 57 a-c. 雌：a. 体侧面观，b. 体背面观，c. 头前面观；d-j. 雄：d. 体侧面观，e. 体背面观，f. 后躯背面观，g. 头前面观，h. 前翅，i. 生殖器背面观，j. 后躯第 8 腹板腹面观。

Hoplitis (*Alcidamea*) *princeps* (Morawitz, 1872)

Osmia princeps Morawitz, 1872: 57, ♀, ♂.

戎拟孔蜂

鉴别特征 雌体长 13.0~15.0 mm；上颚 3 齿；唇基宽大于长，表面刻点密，端缘光滑且中央稍凹；后躯第 1~5 背板具黄白色端毛带，后躯第 1~3 背板端毛带中央中断；后躯第 4~5 背板毛带完整；腹毛刷金黄色；足的基节及转节黑色，腿节、胫节、跗节及距均黄红色。雄体长 12.0~14.0 mm；中足腿节下表面中央具三角形齿突状；后躯第 7 背板黑色，端部具向腹面弯的长尖突。

拜访植物 劲直黄芪（*Astragalus strictus*）。

分　　布 内蒙古，宁夏，甘肃，新疆，西藏（日土县、普兰县）；欧洲，哈萨克斯坦，蒙古。

图 58 雌：a. 体侧面观，b. 体背面观，c. 头前面观，d. 前翅。

Heriades (*Michenerella*) *cancava* Wu, 1982
Heriades cancavus-sic Wu, 1982: 406, ♂.

沟脊孔蜂

鉴别特征	雄体长约 5.0~5.5 mm；后躯第 1 背板基部具脊，但脊不明显；上颚窄，端齿尖，余两齿不明显；触角窝至复眼顶角处呈浅沟状凹陷；后胸盾片与并胸腹节近等长；并胸腹节基部具纵皱；唇基、额唇基区、上颚外侧被淡黄色毛；颊区下部外侧被白色长毛；后躯第 5 腹板、第 6~7 腹板及生殖器结构如图 59 e-g 所示。
拜访植物	无记录。
分　　布	西藏（察雅县、波密县）。

切叶蜂科 Megachilidae

第二次青藏高原综合科学考察西藏蜜蜂类图鉴

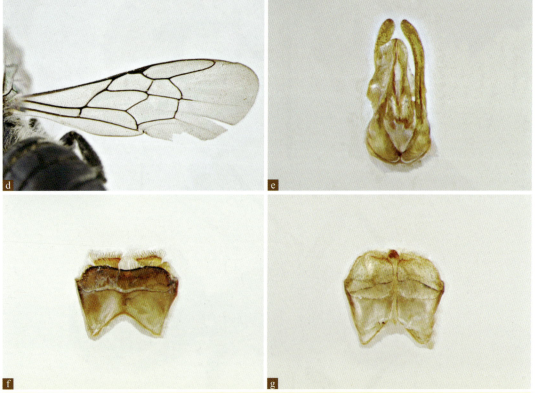

图 59 雄：a. 体侧面观，b. 体背面观，c. 头前面观，d. 前翅，e. 生殖器背面观，f. 后躯第 5 腹板腹面观，g. 后躯第 6~7 腹板腹面观。

Heriades (*Michenerella*) *parvula* Bingham, 1897
Heriades parvula Bingham, 1897: 508, ♀.

小孔蜂

鉴别特征 雌体长 5.0~6.0 mm；体黑色；后躯背板具黄色窄毛带；头顶、颊区、中胸盾片、小盾片及后躯背板刻点密；后躯第 1 背板基缘与背面垂直并具横脊；触角窝周围、眼侧、颊区、唇基端缘、中胸侧板均被灰白色毛；后躯黑色；后躯第 1 背板基缘及端缘、后躯第 2~4 背板端缘具黄色窄毛带；后躯第 5~6 背板被灰黄色短毛；腹毛刷白色。雄体长 4.0~5.0 mm；似雌，但触角长达中胸盾片端缘，后躯背板白色短毛带不明显；后躯末端弯向腹面。

拜访植物 无记录。

分　　布 四川，云南，西藏*（墨脱县）；缅甸，印度。

图 60 雄：a.体侧面观，b.体背面观，c.头前面观，d.前翅。

Coelioxys (*Melissoctonia*) *conoideus* (Illiger, 1806)
Anthophora conoidea Illiger, 1806: 105, ♂.

裸尖腹蜂

鉴别特征　雌体长 12.0~14.0 mm；体黑色；复眼被毛；上颚 3 齿；颊窝长而浅，边缘脊明显；前足基节具尖突；头顶及中躯背部刻点粗而密；后躯第 1 背板刻点大而密；后躯第 2~3 背板横沟中断；后躯第 6 背板表面刻点小而密，端半部纵脊明显，两侧纵凹深，顶端钝圆；后躯第 6 腹板较后躯第 6 背板长而宽，顶端铲状；颜面、颊区、头顶及中躯被白色毛；后躯第 1 背板两侧具白色毛斑；后躯第 2~5 背板具中断的白色毛带；后躯第 6 背板两侧具白色毛斑。雄体长 12.0~14.0 mm；复眼被毛；体黑色；前足基节角突长而钝；后躯第 5 背板端缘两侧各具 1 小齿；后躯第 6 背板具 6 齿，两侧各 1 齿，中央 4 齿，中央上排 2 齿扁而钝，下排 2 齿长而尖；后躯第 2 背板两侧小窝边缘明显；后躯第 4 腹板端缘中央凹。

拜访植物　豆科（Fabaceae）、菊科（Asteraceae）。

分　　布　北京，河北，黑龙江，吉林，新疆，西藏*（吉隆县）；欧洲，北非，土耳其。

c

d

图61 a-d. 雌：a.体侧面观，b.体背面观，c.头前面观，d.前翅；e-i. 雄：e.体侧面观，f.体背面观，g.头前面观，h.后躯背面观，i.前翅。

Coelioxys (Paracoelioxys) elongatus Lepeletier, 1841
Coelioxys elongatus Lepeletier, 1841: 522, ♀.

长尖腹蜂

鉴别特征　雌体长 10.0～14.0 mm；复眼被毛；体黑色；上颚 3 齿；侧面观时颊与复眼近等宽；头及中胸盾片具粗而密的刻点；后躯第 1 背板刻点密而不规则，端缘刻点小；后躯第 2～3 背板刻点小而密，端部刻点大而稀；后躯第 4～5 背板刻点小于第 3 背板基部的刻点；后躯第 6 背板刻点小而密；前足基节具角状突起；后躯第 2～3 背板横沟中断；后躯第 1～5 背板端缘具完整的白色鳞状毛带；后躯第 1 背板毛带两侧变宽，呈三角形毛斑；后躯第 6 腹板亚端部两侧各具一齿突。雄性体长 10.0～12.0 mm；复眼被毛；体黑色；前足基节突起细长；后躯第 5 背板端缘两侧各具一小齿；后躯第 6 背板顶端具 6 齿，两侧各 1 齿，中央 4 齿，中央上排 2 齿粗钝，下排 2 齿细长；后躯第 2 背板两侧无小窝；后躯第 4 腹板端缘中央直。

拜访植物　斜茎黄芪（*Astragalus adsurgens*）。

分　　布　北京，河北，新疆，西藏（聂拉木县、察雅县、芒康县、米林县、山南市乃东区）；欧洲，北非，土耳其。

切叶蜂科

Megachilidae

c

d

图62 a-c.雌：a.体侧面观，b.体背面观，c.头前面观；d-i.雄：d.生态照，e.体侧面观，f.体背面观，g.后躯第6背板背面观，h.翅，i.头前面观。

Anthidium (Anthidium) philorum Cockerell, 1910

Anthidium philorum Cockerell, 1910b: 242, ♀.

红跗黄斑蜂

鉴别特征 雌体长 9.0～10.0 mm；小盾片后侧缘圆，无小突；后躯背板黄色条纹前缘具缺刻；后躯第 6 背板端部具侧突。雄体长 9.0～10.5 mm；小盾片后侧缘圆，无小突；后躯背板黄色条纹前缘具缺刻；后躯第 6 腹板正中内凹；后躯第 8 腹板端突尖三角状；后躯第 7 背板侧突尖，无亚中刺；生殖器结构如图 63 l 所示。

拜访植物 豆科（Fabaceae）。

分　　布 四川，新疆，西藏（定结县、聂拉木县、吉隆县、措美县、康马县、普兰县）；伊朗，印度。

图 63 a-d. 雌：a. 体侧面观，b. 头前面观，c. 中躯背面观，d. 后躯第 5～6 背板背面观；e-l. 雄：e. 体侧面观，f. 头前面观，g. 中躯背面观，h. 后躯背面观，i. 后躯第 6 腹板腹面观，j. 后躯第 8 腹板腹面观，k. 后躯第 6～7 背板背面观，l. 生殖器背面观。

Anthidium (Anthidium) pseudophilorum Niu & Zhu, 2020

Anthidium (Anthidium) pseudophilorum Niu & Zhu, 2020 in Niu et al., 2020: 33, ♀, ♂.

伪红跗黄斑蜂

鉴别特征 雌体长 7.5～8.0 mm；雌性小盾片后侧缘圆，无小突；唇基宽大于长，正中平滑、直；上颚具5齿，齿由具尖的凹口分隔，端齿尖、最长；后躯背板黄色条纹前缘具缺刻；后躯第6背板近端部无侧突。雄体长 9.5～10.0 mm；雄性小盾片后侧缘圆，无小突；后躯背板黄色条纹前缘具缺刻；后躯第6腹板端缘向内深凹，具侧突和中突，且中突呈二分叉状；后躯第7背板具中刺和亚中刺，亚中刺几乎与中刺一样长。

拜访植物 无记录。

分　　布 新疆，青海，西藏（白朗县）。

图64 a-f. 雌：a.体侧面观，b.唇基前面观，c.上颚前面观，d.中躯背面观，e.后躯背面观，f.后躯第4～6背板背面观；g-l. 雄：g.体侧面观，h.中躯背面观，i.后躯背面观，j.后躯第6腹板腹面观，k.后躯第6～7背板背面观，l.生殖器背面观。

Anthidium (Anthidium) xuezhongi Niu & Zhu, 2020

Anthidium (Anthidium) xuezhongi Niu & Zhu, 2020 in Niu et al., 2020: 49, ♀, ♂.

学忠黄斑蜂

鉴别特征 雌体长 9.5～10.0 mm；小盾片后侧缘圆，无小突；触角柄节前表面近基部棕红色；唇基长宽近相等，端缘近平滑，正中略突，具宽"T"状黑斑；后躯第 1 背板黄色条带正中中断；后躯第 2～3 背板黄色条带正中不中断，但具半圆形凹；后躯第 4～5 背板黄色条带完整；后躯第 6 背板黄色。雄体长 12.5～13.0 mm；眼侧区触角窝以下及唇基黄色；小盾片后侧缘圆，无小突；后躯第 7 背板中刺端缘近平截状，无亚中刺；后躯第 8 腹板端突三分叉；侧面观生殖刺突靠近中部内凹，具一小的尖突。

拜访植物 劲直黄芪（*Astragalus strictus*）、小花棘豆（*Oxytropis glabra*）。

分　　布 新疆，西藏（普兰县）。

图 65 a-e. 雌：a. 体侧面观，b. 头前面观，c. 中躯背面观，d. 后躯背面观，e. 后躯第 4～6 背板背面观；f-l. 雄：f. 体侧面观，g. 头前面观，h. 中躯背面观，i. 后躯第 8 腹板腹面观，j. 后躯第 7 背板背面观，k. 生殖器背面观，l. 生殖器侧面观。

Anthidium (Anthidium) flavotarsum Wu, 1982

Anthidium flavotarsum Wu, 1982: 410, ♂.

黄跗黄斑蜂

鉴别特征　雄体长 9.0～9.5 mm；小盾片后侧缘圆，无小突；体黑色；唇基、颜侧（触角窝以下）、上颚中央黄色；头顶两侧角具黄色椭圆斑；后躯第 5 背板具 2 小黄斑；后躯第 6 腹板侧突长而尖，中突具 2 强的突起；后躯背板被稀疏柔毛。

拜访植物　劲直黄芪（*Astragalus strictus*）。

分　布　西藏（江达县、普兰县）。

图 66 雄：a. 体侧面观，b. 头前面观，c. 中躯背面观，d. 后躯背面观，e. 后躯第 4~6 背板背面观，f. 后躯第 6 腹板背面观。

Anthidium (Proanthidium) qingtaoi Niu & Zhu, 2020

Anthidium (Proanthidium) qingtaoi Niu & Zhu, 2020 in Niu et al., 2020: 59, ♀, ♂.

清涛黄斑蜂

鉴别特征 雌、雄性小盾片后侧缘两侧各具 1 三角形小突。雌体长 6.8～8.0 mm；颊区下部黑色，无黄斑；头顶黄斑窄，有时黄斑正中中断；触角第 1 鞭节分节长约为宽的 2.0 倍；触角第 3 鞭节分节前表面棕红色；上颚具 7～9 齿。雄体长 8.5～11.5 mm；触角第 1 鞭节分节长约为宽的 1.4 倍；触角第 2 鞭节分节前表面棕红色；后足转节近端部内侧突长而尖；生殖刺突顶端窄而尖；后躯第 6 背板具中端突，侧突长而尖；后躯第 7 背板无中刺，侧突外缘宽凸，内缘直。

拜访植物 劲直黄芪（*Astragalus strictus*）、草木樨（*Melilotus officinalis*）、小花棘豆（*Oxytropis glabra*）。

分　　布 西藏（札达县、普兰县、日土县）。

图 67 a-f. 雌：a.体侧面观，b.头前面观，c.触角腹面观，d.上颚侧面观，e.中躯背面观，f.后躯背面观；g-n.雄：g.体侧面观，h.头前面观，i.触角腹面观，j.生殖器背面观，k.生殖器侧面观，l.后躯第5～7背板背面观，m-n.生态照。

Anthidium (Proanthidium) kashgarense (Cockerell, 1911)

Proanthidium kashgarense Cockerell, 1911c: 250, ♀.

喀什黄斑蜂

鉴别特征 雌、雄性小盾片后侧缘两侧各具 1 三角形小突。雌体长 7.0～8.0 mm；颊区下部具一黄斑；触角第 1 鞭节分节长约宽的 2.0 倍，鞭节分节第 2～4 节前表面棕红色。雄体长 10.8～11.5 mm；触角第 1 鞭节分节长约宽的 1.8 倍，鞭节分节第 1～2 节前表面棕红色；后足转节近端部内侧突短而钝；生殖刺突顶端宽而圆；后躯第 6 背板具中端突，侧突长而尖；后躯第 7 背板无中刺，侧突外缘宽凸，内缘直。

拜访植物 小花棘豆（*Oxytropis glabra*）、蒙古岩黄耆（*Hedysarum mongolicum*）。

分　　布 河北，内蒙古，新疆，西藏*（日土县）。

图 68 a-f. 雌：a.体侧面观，b.头前面观，c.触角腹面观，d.上颚侧面观，e.中躯背面观，f.后躯背面观；g-l. 雄：g.体侧面观，h.头前面观，i.触角腹面观，j.生殖器背面观，k.生殖器侧面观，l.后躯第 6～7 背板背面观。

隧蜂科
Halictidae

第二次青藏高原综合科学考察
西藏蜜蜂类图鉴

Dufourea wuyanruae Astafurova, 2012

Dufourea wuyanruae Astafurova, 2012: 623, replacement name of *Dufourea longicornis* Wu, 1982. *Halictoides* (*Halictoides*) *longicornis* Wu 1982: 398, ♂ (nec *Dufourea longicornis* Warncke, 1979).

吴燕如杜隧蜂

鉴别特征 雌体长 7.0~7.5 mm；体黑色，无金属光泽；唇基两侧刻点小而密，中央刻点大、稀，刻点间光滑；唇基上区中央隆起，光滑，无刻点；眼侧区具明显压痕区，压痕区光滑、闪光，刻点较周围稀；中胸盾片、小盾片均具细密刻点；后躯第 1~2 背板刻点较后躯第 3~4 背板刻点密、多；后躯第 1~4 背板端缘光滑、黄褐色、透明。雄体长 8.0 mm；体黑色，无金属光泽；额具脊；触角长达后躯第 2 背板端缘；触角柄节宽扁，梗节扁球状；触角鞭节各分节上表面稍隆起，下表面稍弯曲；第 1 鞭节分节长约为第 2 鞭节分节长的 1/2，第 2 鞭节分节最长，比第 3 鞭节分节长 1/3，第 3~11 鞭节分节近等长；鞭节分节下表面无光滑压痕区；后躯第 3~5 腹板各具一对乳突；前足和中足胫节端部外侧各具一尖齿；中足和后足基跗节较宽；后足胫节扁，中央宽。

拜访植物 无记录。

分　　布 西藏（白朗县、山南市乃东区）。

图69 a-d. 雌：a.体侧面观，b.体背面观，c.后躯背面观，d.头前面观；e-i. 雄：e.体侧面观，f.体背面观，g.后躯背面观，h.头前面观，i.前翅。

Dufourea armata Popov, 1959

Dufourea armata Popov, 1959: 226, ♂.

青海杜隧蜂

鉴别特征 雌体长 6.0～7.0 mm；体黑色；头、中躯闪铜绿色光泽；唇基两侧刻点密，中央近无刻点、光滑；唇基上区四周刻点细密、中央稍隆起，刻点稀；中胸盾片基半部刻点细密，中央刻点稀疏；后躯背板刻点似中胸盾片基部刻点，但刻点略稀；后躯第 1～4 背板端缘黄褐色、透明；头、中胸盾片被暗黄褐色毛；唇基、头顶黄褐色毛间夹有黑色毛；后躯第 5～6 背板毛白色，中部毛浅黄色；后足胫节毛白色，无黑褐色毛。雄体长 5.0～6.0 mm；触角长达中胸盾片后缘；臀板较细长；后躯第 6 腹板侧齿尖。

拜访植物 无记录。

分　　布 青海，西藏（左贡县、芒康县、类乌齐县、江达县、白朗县）。

图 70 雌: a.体侧面观, b.体背面观, c.并胸腹节背面观, d.并胸腹节背侧观, e.头前面观, f.后躯背面观, g.前翅。

Dufourea subclavicrus (Wu, 1982)

Halictoides (Cephalictoides) subclavicrus Wu, 1982: 395, ♀, ♂.

扁胫杜隧蜂

鉴别特征 雌体长 7.0~8.0 mm；体黑色；头、中躯及后躯闪铜绿色光泽；唇基基半部刻点细密，端半部刻点大而稀；颜侧各具 1 小压平区，其上刻点较稀；头顶、中胸盾片刻点细密；中足胫节距扁平，顶端分叉状，叉一大一小；唇基、头顶、触角柄节、中胸盾片均被黑色毛，夹有黄褐色毛。雄体长 8.0~9.0 mm；体黑色；头、中躯闪铜绿色光泽；触角柄节略膨大；触角第 3~11 鞭节分节表面具平滑压痕区，第 3~4 鞭节分节压痕区约为第 3、4 鞭节分节长的 2/3，第 5~10 鞭节分节压痕区约为相应鞭节分节长的 5/6，第 11 鞭节分节压痕区约为第 11 鞭节分节长的 3/4；前、中、后足腿节均膨大；中足胫节外表面内凹，两侧具脊；后足胫节亚端部内侧膨大；后躯第 2~3 腹板各具一对瘤状突；后躯第 5 腹板隐藏于第 4 腹板下，外露两侧的三角形端侧角；后躯第 6 腹板端缘中央延伸呈三叉状。

拜访植物 劲直黄芪（*Astragalus strictus*）、小花棘豆（*Oxytropis glabra*）。

分　　布 西藏（白朗县、聂拉木县、普兰县、日土县）。

c

d

隧蜂科 Halictidae

第二次青藏高原综合科学考察西藏蜜蜂类图鉴

隧蜂科 Halictidae

图71 a-d.雌：a.体侧面观，b.体背面观，c.头前面观，d.后躯背面观；e-h.雄：e.体前面观，f.体背面观，g.后躯背面观，h.头前面观。

Dufourea calcarata (Morawitz, 1887)

Halictoides calcaratus Morawitz, 1887: 213, ♀, ♂.

马踢刺杜隧蜂

鉴别特征 雄体长 13.0～14.0 mm；触角柄节略膨大；触角第 2～11 鞭节分节下表面具平滑压痕区，第 2 鞭节分节压痕区约为第 2 鞭节分节长的 1/3，第 3～4 鞭节分节压痕区约为第 3、4 鞭节分节长的 2/3，第 5～10 鞭节分节压痕区约为相应鞭节分节长的 5/6，第 11 鞭节分节压痕区约为第 11 鞭节分节长的 2/3；后躯第 3 腹板端缘具整齐白色睫状毛；前足腿节中部膨大，下表面两侧各具一脊，脊间平滑、闪光；中足胫节外表面凹陷宽，两侧各具一脊，外侧脊端部延长呈片状突起，内侧端部具一大一小的突起，中足基跗节宽扁呈片状突起，外表面凹陷，内侧端部具一齿状突起；后足腿节膨大；后足胫节宽扁，内侧稍突起，末端具一大的齿状突；后足基跗节窄长；后躯第 6 背板基部两侧各具一齿突；后躯末端弯向腹侧；后躯第 8 腹板顶突细，末端膨大呈片状，端缘凹。

拜访植物 劲直黄芪（*Astragalus strictus*）。

分　　布 内蒙古，青海，西藏（聂拉木县、革吉县）。

图 72 雄：a. 体侧面观，b. 体背面观，c. 后躯背面观，e. 头前面观。

Dufourea longispinis (Wu, 1987)

Halictoides (Cephalictoides) longispinis Wu, 1987: 194, ♀.

长距杜隧蜂

鉴别特征 雌体长 10.0~10.5 mm；体黑色；头部、中躯及后躯均具蓝色光泽；唇基刻点大而分散，刻点间光滑，唇基两侧缘刻点较密，前缘刻点小而密；中胸盾片中央刻点较稀；并胸腹节中央小区与小盾片等长，中央小区具规则的斜纵纹，纹间光滑、闪光；后躯背板刻点小而密，后躯第 1~5 背板端缘光滑；中足胫节距长，约为基跗节长的 2/3，顶端弯而尖，中部略宽，栉状；后足胫节距短粗；头顶毛暗黄褐色，夹有少量的黑色毛；触角柄节、头顶、中胸盾片、小盾片均被暗黄褐色毛；后躯第 6~7 背板毛黄褐色；后足胫节被白色毛。雄（新描记），体长 11.0~12.0 mm；体黑色；头部、中躯及后躯均具蓝色光泽；触角柄节膨大；触角第 3~11 鞭节分节下表面具平滑的压痕区，第 3 鞭节分节压痕区约为第 3 鞭节分节长的 1/2，第 4~5 鞭节分节压痕区约为第 4、5 鞭节分节长的 2/3，第 6~10 鞭节分节压痕区约为相应鞭节分节长的 4/5，第 11 鞭节分节压痕区约为第 11 鞭节分节长的 1/2；前、中、后足腿节均膨大；中足胫节短部变宽，外表面凹，两侧具脊；后足胫节向短部逐渐变宽，端缘内侧有一尖的小突；后躯细长，后躯端部略宽，端部弯向腹侧，生殖器、后躯第 7、8 腹板均外露；生殖刺突细长；后躯第 8 腹板顶突细长，末端略膨大。

拜访植物 小花棘豆（*Oxytropis glabra*）。

分布 西藏（聂拉木县、康马县、日土县）。

a

e

f

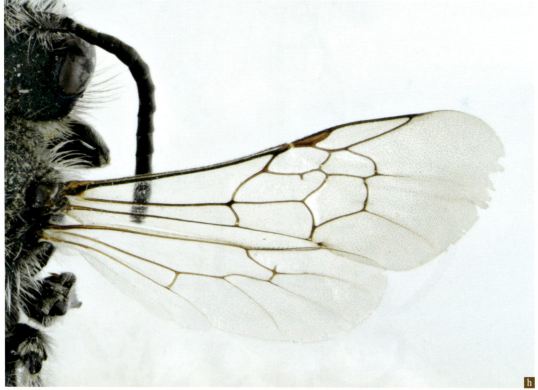

图73 a-d. 雌：a.体侧面观，b.体背面观，c.后躯背面观，d.头前面观；e-h. 雄：e.体前面观，f.体背面观，g.头前面观，h.翅。

Sphecodes crassus Thomson, 1870

Sphecodes crassus Thomson, 1870: 100, ♀.

克拉苏红腹蜂

鉴别特征 雌体长 5.0~8.0 mm；后翅前缘具 5 个翅钩；后足腿节端半部强膨大，最宽处约为长的 0.4 倍。雄体长 5.0~7.0 mm；体黑色；头顶圆，无纵向的脊；后翅前缘具 5 个翅钩；后躯第 1 背板无刻点；后躯第 2 背板基部及第 3 背板具细刻点；颜面触角窝下具白色柔毛；触角第 2 鞭节分节长约为第 3 鞭节分节长的 1.1 倍；前胸盾片背侧向具尖角；生殖突基背面具凹；生殖刺突具椭圆形的膜质部。

拜访植物 无记录。

分　　布 陕西，内蒙古，西藏 *（错那县）；北非，欧洲，中亚，土耳其，伊朗，蒙古，日本，俄罗斯。

图 74 雄：a.体侧面观，b.体背面观，c.头前面观，d.后躯背面观。

Sphecodes geoffrellus (Kirby, 1802)
Melitta geoffrella Kirby, 1802: 45, ♀.

若弗鲁瓦红腹蜂

鉴别特征 雌体长 4.5~6.5 mm；后翅前缘具 5 个翅钩；后翅基脉强弓；上颚 2 齿；臀板与后足基跗节近等宽、闪光；头顶圆，无纵向的脊，侧单眼至头顶的距离约为侧单眼直径的 2.0 倍；前胸盾片背侧向具尖角；并胸腹节背区半圆状，具简单的纵脊；触角第 3 鞭节分节方形，长宽近相等；上唇半圆形，长约为宽的 0.5 倍；后足腿节弱膨大，最大膨大处宽约为腿节长的 1/3；后躯第 1~5 背板光滑、无刻点；体黑色；后躯第 1、2 背板棕黄色，上有黑褐色斑纹；后躯第 3~4 背板黑色，后躯第 5 背板褐色；中胸盾片刻点间距为刻点直径的 4.0~6.0 倍，刻点间光滑、闪光；后躯第 1 背板近无刻点；后躯第 2 背板基部及第 3 背板具细刻点。雄体长 5.5~6.5 mm；体黑色；后翅前缘具 6 个翅钩；头顶圆，无纵向的脊；触角第 2、3 鞭节分节近等长；后躯第 1 背板无刻点；后躯第 2 背板基部及第 3 背板具细刻点；颜面触角窝下具白色柔毛；前胸盾片背侧向具尖角；生殖突基节背面具凹；生殖刺突具梯状膜质部。

拜访植物 无记录。

分布 黑龙江，陕西，西藏*（波密县、白朗县、仁布县）；欧洲，中亚，俄罗斯（远东地区），土耳其，蒙古，日本。

a

隧蜂科 Halictidae | 第二次青藏高原综合科学考察西藏蜜蜂类图鉴

d

e

隧蜂科 Halictidae

隧蜂科 Halictidae

第二次青藏高原综合科学考察西藏蜜蜂类图鉴

图75 a-g.雌：a.体侧面观，b.体背面观，c.头前面观，d.触角侧面观，e.上唇前面观，f.后躯背面观，g.后足腿节侧面观；h-o.雄：h.体侧面观，i.体背面观，j.前翅，k.翅钩，l.头前面观，m.后躯背面观，n.生殖器背侧面观，o.生殖器背面观。

Sphecodes grahami Cockerell, 1922
Sphecodes grahami Cockerell, 1922: 13, ♀.

淡翅红腹蜂

鉴别特征	雌体长 6.0~8.5 mm；体黑色；后躯第 1~3 背板棕红色；后躯第 4~6 背板黑色；后翅前缘具 6 个翅钩；头顶隆起弱，正中无纵脊；颜面、侧单眼与复眼间区域均具密的刻点；中胸盾片刻点粗糙、刻点间最大间距约为刻点直径的 1.0 倍，并胸腹节背区、中胸侧板均呈网纹状；后躯第 1 背板无刻点，后躯第 2~3 背板基部具极稀疏的刻点；臀板宽约等于后足基跗节的宽。
拜访植物	无记录。
分　　布	山西，陕西，上海，四川，西藏（亚东县、墨脱县、吉隆县）。

隧蜂科 Halictidae

c

d

图76 雌：a.体侧面观，b.体背面观，c.后躯背面观，d.头前面观，e.前翅，f.翅钩。

Sphecodes montanus Smith, 1879

Sphecodes montanus Smith, 1879: 27, ♀, ♂.

山红腹蜂

鉴别特征 雌体长 7.0~8.5 mm；体黑色；后躯第 1~3 背板棕红色；后躯第 4~6 背板黑色；后翅前缘具 6 个翅钩；头宽约为长的 1.3 倍；头顶隆起弱，正中具纵脊；具弱的后头脊；颜面、侧单眼与复眼间区域均具密的刻点；中胸盾片刻点粗糙、刻点间最大间距为刻点直径的 1.0~2.0 倍；并胸腹节背区、中胸侧板均呈网纹状；后躯第 1 背板无刻点；后躯第 2~4 背板基部具稀疏的刻点；臀板宽为后足基跗节宽的 1.1~1.2 倍。雄体长 7.0~8.0 mm；体黑色；后翅前缘具 6 个翅钩；头宽约为长的 1.2 倍；头顶隆起弱，正中具纵脊；具弱的后头脊；触角鞭节分节下表区面柔毛区窄，约为鞭节分节长的 1/5；触角第 2 鞭节分节长约为宽的 1.8 倍；后躯第 1 背板无刻点；后躯第 2~4 背板基部具稀疏的刻点；后躯第 2~4 背板缘带光滑、无刻点；生殖突基节表面无凹陷，生殖刺突大、长方形，顶端具长毛。

拜访植物 无记录。

分 布 四川，云南，西藏(察雅县、察隅县、波密县、吉隆县、江达县)；老挝，印度。

e

f

隧蜂科 Halictidae

第二次青藏高原综合科学考察西藏蜜蜂类图鉴

图77 a-f. 雌：a.体侧面观，b.体背面观，c.后躯背面观，d.头前面观，e.头背面观，f.头顶背侧面观；g-j. 雄：g.体侧面观，h.体背面观，i.后躯背面观，j.头前面观。

Sphecodes scabricollis Wesmael, 1835

Sphecodes scabricollis Wesmael, 1835: 10, ♂.

粗糙红腹蜂

鉴别特征　雌体长 8.5~12.0 mm；体黑色；后躯第 1~3 背板棕红色，后躯第 1、3 背板具褐色斑纹；后躯第 4~6 背板黑色；后翅前缘具 7 个翅钩；头宽约为头长的 1.3 倍；头顶短，侧单眼至头顶的距离约为侧单眼直径的 2.0 倍；具后头脊；中胸盾片刻点粗糙、大，刻点间距最大为刻点直径的 1.5~2.0 倍；后躯第 1~5 背板均具稀的刻点；臀板宽略窄于后足基跗节的宽。

拜访植物　无记录。

分　　布　北京，黑龙江，辽宁，陕西，浙江，青海，西藏*（吉隆县）；欧洲，土耳其，伊朗，印度，韩国，日本，俄罗斯。

图 78 雌：a. 体侧面观，b. 体背面观，c. 后躯背面观，d. 头前面观。

Sphecodes simillimus Smith, 1873

Sphecodes simillimus Smith, 1873: 199, ♀.

相似红腹蜂 中国新记录种

鉴别特征 雌体长 7.0~9.0 mm；后翅前缘具 6 个翅钩；体黑色；后躯第 1~2 背板及后躯第 3 背板前半部棕红色；后躯第 4~6 背板黑色；头宽约为头长的 1.3 倍；头顶中央具纵脊；并胸腹节背区具纵向皱纹；后躯第 2 背板基部常具明显的分散刻点；臀板宽，为后足基跗节宽的 1.3~1.5 倍；雄体长 6.0~10.0 mm；体黑色；后躯第 1~3 背板棕红色；后躯第 4~6 背板黑色；后躯第 1 背板前截面黑褐色；后躯第 3 背板中域中部黑褐色；后翅前缘具 6 翅钩；头宽约约头长的 1.2 倍；头顶、侧单眼至复眼间刻点密，刻点间距约为刻点直径的 0.2 倍；触角第 2 鞭节分节长约为第 3 鞭节分节长的 1.2 倍；触角第 4~11 鞭节分节下表面具柔毛区，柔毛区宽为鞭节分节长的 1/4~1/3；生殖突基节背面无凹陷；生殖刺突呈不对称的双叉状，腹侧分叉大于背侧分叉，叉中央具长毛，膜质部基部内侧角近乎直角；后躯第 1~3 背板常具分散的细小刻点。

拜访植物 西藏铁线莲（*Clematis tenuifolia*）、草木樨（*Melilotus officinalis*）。

分　　布 西藏*（札达县）；日本，俄罗斯。

图 79 雄:a. 体侧面观, b. 体背面观, c. 后躯背面观, d. 头前面观。

Sphecodes simlaensis Blüthgen, 1924
Sphecodes simlaensis Blüthgen, 1924: 514, ♀.

西姆拉红腹蜂

鉴别特征 雌体长 5.0~6.0 mm；后翅前缘具 5 个翅钩；头顶圆，无纵向的脊；上颚 2 齿；前胸盾片背侧向具尖角；后躯第 1~5 背板光滑、无刻点；后躯第 1、2 背板棕黄色，上有黑褐色斑纹；后躯第 3~5 背板黑色；中胸盾片刻点间距为刻点直径的 1.0~4.0 倍，刻点间光滑、闪光；所有足基节、转节、腿节、胫节黑色，跗节暗黄褐色。雄体长 5.0~6.0 mm；体黑色；后翅前缘具 5 个翅钩；头顶圆，无纵向的脊；触角第 3~11 鞭节分节长为宽的 1.1~1.2 倍，第 4~11 鞭节分节下表面具柔毛区，但柔毛区较小，约占鞭节分节长的 1/4；后躯第 1 背板光滑、无刻点；生殖突基节表面具凹陷，生殖刺突具三角状的膜质部。

拜访植物 无记录。

分　　布 四川，云南，西藏*（吉隆县）；印度，尼泊尔，缅甸，老挝。

隧蜂科 Halictidae

隧蜂科 Halictidae | 第二次青藏高原综合科学考察西藏蜜蜂类图鉴

隧蜂科 Halictidae

k

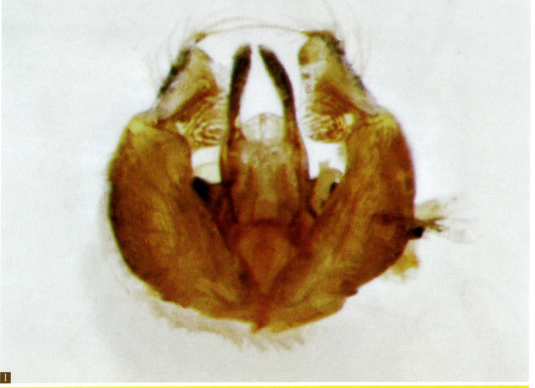

l

图80 a-f. 雌：a.体侧面观，b.体背面观，c.前翅，d.翅钩，e.头前面观，f.后躯背面观；g-l. 雄：g.体侧面观，h.体背面观，i.前翅，j.翅钩，k.后躯背面观，l.生殖器背面观。

Lipotriches (*Austronomia*) *capitata* (Smith, 1875)

Nomia capitata Smith, 1875: 54, ♂.

头棒腹蜂

鉴别特征 雌体长 8.0~10.0 mm；体黑色；唇基、额唇基区、颜侧、触角柄节、颊及足均被浅黄色毛；前胸盾片正常；中胸盾片被黄褐色毡状毛；前胸盾片、前胸背肩突、小盾片、后盾片、中胸侧板及并胸腹节两侧密被黄褐色短毛；后躯第1~4背板端缘具金黄色宽毛带；后躯各节背板被稀疏黄褐色毛，并夹有少量深褐色短毛，后躯第1背板毛较密且长；并胸腹节中央小区具极细横纹；后躯各节背板刻点细小且密；前足腿节稍膨大；后足胫基板细长；中足两基节间的间距大于转节长。雄体长 7.0~9.0 mm；体黑色；体密被黄色毛；中胸盾片被黄褐色毡状毛；后躯第1~5背板端缘具金黄色宽毛带，后躯各节背板密被金黄色毛；后足腿节稍膨大，外表面中部隆起，内表面凹陷，毛稀；后足胫节端部内缘角为一薄的三角状小突，与胫节其他部位同色；后足基跗节细长；额眼区刻点紧密，头顶刻点大且密；中胸盾片及小盾片刻点细密；并胸腹节三角区被细小刻点、无细纵纹；后躯各节背板刻点细密，两侧稍稀；后躯第5~7腹板及生殖器结构如图81 f-i 所示。

拜访植物 无记录。

分 布 江西，四川，云南，西藏*（墨脱县）；印度，斯里兰卡。

图81 雄：a.体侧面观，b.体背面观，c.后躯背面观，d.头前面观，e.前翅，f.生殖器背面观，g.后躯第5腹板腹面观，h.后躯第6腹板腹面观，i.后躯第7腹板腹面观。

Lipotriches (Austronomia) notiomorpha (Hirashima, 1978)

Nomia (Austronomia) notiomorpha Hirashima, 1978: 100, ♀, ♂.

小齿突棒腹蜂

鉴别特征 雌体长 7.0～9.0 mm；体黑色；前胸盾片正常；中胸盾片被灰黄色毡状毛；后躯第 1～4 背板端缘毛带白色；唇基、颜侧、额唇基区、颊、中胸侧板被白色毛；头顶、并胸腹节两侧、后躯第 1 腹背板及各足外侧被灰黄色毛；后躯第 2～4 背板被浅褐色短毛；后躯第 5 背板被褐色长毛；各足胫节及跗节内侧被金黄色毛；并胸腹节基部具细纵皱，三角区具细纵纹；并胸腹节侧面刻点稍大且稀；腹部各节背板刻点细小且密。雄体长 7.0～9.0 mm；体黑褐色；中胸盾片及小盾片毛黄褐色；后躯第 1～5 背板端缘被白色毛带；后躯各节背板密被金黄色毛，不具深褐色毛；后足腿节稍膨大，外表面中部隆起，内表面凹陷，毛稀；后足胫节端部内缘角为一窄长的角状突起，与胫节其他部位不同色；后足基跗节细长，额眼区刻点紧密；头顶、中胸盾片刻点密；并胸腹节三角区具细纵纹；后躯各节背板刻点细密；生殖器及后躯第 5、6 腹板结构如图 82 g-i 所示。

拜访植物 无记录。

分　　布 海南，西藏＊（吉隆县）；印度，斯里兰卡。

图 82 雄：a.体侧面观，b.中躯背面观，c.头前面观，d.后躯背面观，e.并胸腹节背侧面观，f.后足胫节端内缘角，g.生殖器背面观，h.后躯第 5 腹板腹面观，i.后躯第 6 腹板腹面观。

Lipotriches (Rhopalomelissa) pulchriventris (Cameron, 1897)
Halictus pulchriventris Cameron, 1897: 110, ♂.

美腹棒腹蜂

鉴别特征 雌体长 7.0～9.0 mm；体黑色；前胸、中胸端缘及后胸均被黄绒毛；颊、胸侧、并胸腹节被白色或浅黄色绒毛；臀板密被黄毛；后躯背板被稀的浅黄色毛；后躯第 1～4 背板端缘具窄的黄褐色带，密被浅黄色宽毛带；头宽短，头宽略窄于胸宽；唇基平，前缘中部两侧稍凹陷；颊最宽处等于复眼宽；触角黑褐色，鞭节分节末两节及鞭节分节外表面自第 3 节起黄褐色；头顶窄，后缘具脊，弯曲弱；单眼至复眼的距离为单眼至头顶边缘距离的 3.0 倍；前胸盾片后缘薄片状突起弱，垂直状；翅浅褐色、透明，翅脉及翅痣浅黄褐色；翅基片端部浅褐色、半透明，基部黑褐色；并胸腹节基部具短细的纵皱，两侧刻点粗大，深而密；后躯第 1 背板刻点稀而不均匀，端缘光滑；后躯第 2 背板刻点小而密，端半部大小不一致。雄体长 9.5～10.0 mm；体黑色；后躯呈锤状；前胸盾片呈领状；头部被稀的黄褐色短毛；前胸背肩突、前胸外周缘密被黄色短毛；中胸盾片、小盾片及并胸腹节两侧被灰黄褐色毛；后躯第 1～5 背板具浅黄色毛带，其中第 1～2 背板毛带中断，呈毛斑状；后躯第 4 腹板密被灰白色毛；后躯第 5 腹板端部中央内凹，密被金色毛；并胸腹节三角区具长纵皱。

拜访植物 玉米（*Zea mays*）。

分　　布 甘肃，西藏*（墨脱县），湖南，福建，广东，广西，海南；印度，斯里兰卡，尼泊尔，越南，老挝，泰国，菲律宾，马来西亚，印度尼西亚，澳大利亚，所罗门群岛。

隧蜂科 Halictidae

第二次青藏高原综合科学考察西藏蜜蜂类图鉴

b

c

图83 a-e.雄：a.生态照，b.体侧面观，c.体背面观，d.后躯背面观，e.头前面观；f-i.雌：f.体侧面观，g.体背面观，h.后躯背面观，i.头前面观。

Halictus (Protohalictus) takuiricus Blüthgen, 1936

Halictus takuiricus Blüthgen, 1936: 309, ♀.

塔库隧蜂

鉴别特征 雌体长 12.0~14.0 mm；前翅端缘脉与第 1 亚缘横脉一样强，基脉强弓；头前面观时长等于宽，头胸近等宽；唇基较强隆起，端部中央稍凹陷；唇基上区隆起弱于唇基；头侧面观时，颊最宽处显著宽于复眼；唇基端部刻点大、斜刺状、稀，刻点间距大于刻点直径，基部刻点大、圆，刻点直径为刻点间距的 2.0~3.0 倍，刻点间光滑、闪光；唇基上区刻点似唇基基部刻点；额区、眼侧区、头顶刻点大小、分布较均匀，刻点较唇基基部刻点小、密，几乎连接成网；中胸盾片刻点大小、分布不均匀，中胸盾片前部刻点较密，刻点间距为刻点直径的 0.5~1.0 倍，后部中央刻点较稀，刻点间距为刻点直径的 2.0~4.0 倍，刻点大小明显不一，大刻点直径为小刻点直径的 2.0~3.0 倍；小盾片刻点稀，大小不一；并胸腹节背面稍长于后盾片，背面三角区较明显，无毛，三角区伸达后截面，后截面、侧面与背面交界处圆滑，三角区两侧具纵皱状刻纹，中央刻纹细颗粒状；后躯背板刻点极细小，后躯第 1 背板表面的刻点清楚；后足胫节内距粗锯齿状；头、胸黑色，无金属光泽；后躯背板黑色；所有足基节、转节、腿节黑色，胫节、跗节红褐色；后躯第 1 背板前缘被黄褐色体毛；后躯第 1~4 背板后缘具黄色端毛带，毛带中央不中断亦不变窄，毛带宽为背板长的 1/3~1/2；后躯第 5 背板正中具纵向的中央条带，臀前缘毛分离，臀前缘毛黄红色；后躯腹板后缘被黄红色毛；各转节及腿节被稀的金黄色长毛，各胫节及跗节被密的金黄色短毛。

a

拜访植物 劲直黄芪（*Astragalus strictus*）。

分　　布 新疆，西藏（札达县、普兰县）；伊朗，土库曼斯坦，阿富汗，塔吉克斯坦，吉尔吉斯斯坦，哈萨克斯坦。

隧蜂科 Halictidae

第二次青藏高原综合科学考察西藏蜜蜂类图鉴

图84 雌：a.体侧面观，b.体背面观，c.后躯背面观，d.头前面观，e.前翅。

Halictus (Seladonia) vicinus Vachal, 1894

Halictus vicinus Vachal, 1894: 431, ♀.

双叶光隧蜂

鉴别特征 雌体长 7.7~8.0 mm；头前面观时宽大于长，与中胸等宽，但略窄于后躯；唇基、唇基上区中度隆起，唇基端部中央不凹陷；唇基刻点圆、深，端部 1/2 无刻点，基部 1/2 刻点间距为刻点直径的 0.5~1.0 倍，刻点间光滑、闪光；唇基上区刻点略小，刻点间距为刻点直径的 1.0~2.0 倍，刻点间光滑、闪光；中胸盾片刻点大小似额区刻点，刻点圆、深、密，刻点间距约为刻点直径的 0.25 倍，刻点间光滑、微闪光；小盾片中央无纵凹，刻点似中胸盾片；后躯第 1 背板具密刻点，刻点间距为刻点直径的 0.2~1.0 倍；并胸腹节背面三角区明显、无毛，三角区两侧具纵皱状刻纹，三角区中央具皱状刻纹，刻纹间光滑、闪光，侧面上端和后截面具刻点，刻点间光滑、闪光；后足胫基板圆尖，前缘界限明显；后足胫节内距短锯齿状，具 6~7 齿；体色稍暗，头、中胸盾片铜绿色，具金属光泽；后躯背板浅铜绿色，具金属光泽；中胸盾片体毛较稀；后躯第 1~4 背板端缘具黄褐色端毛带；后躯第 1 背板基部侧部具毛斑，毛斑中等大小，不伸达第 1 背板中央，后躯第 1 背板端毛带中央中断；后躯第 2~4 背板端毛带完整，端毛带宽约为背板长的 1/3；后躯第 5 背板正中具纵向的中央条带，臀前缘毛分离，臀前缘毛黄白色或黄色；除毛带外，后躯背板还被覆有黄红色的体毛。 雄体长 6.0~8.0 mm； 并胸腹节背面三角区明显、无毛，三角区伸达后截面，三角区具纵皱状刻纹，刻纹伸达三角区中央端部，刻纹间光滑、闪光，整个侧面和后截面具明显的刻点，侧面上端刻点略小于中胸盾片刻点，

刻点圆、深，刻点间距约为刻点直径的 0.5～1.5 倍，刻点间光滑、闪光；后躯背板具明显的圆刻点；后躯第 1 背板中域刻点稀，刻点间距约为刻点直径的 0.5～1.0 倍，刻点间光滑、闪光；后躯第 7 腹板后缘呈等腰三角形，中间具尖三角形的突起；后躯第 8 腹板后缘圆凸，中间端缘毛发达；生殖器具下生殖刺突，背侧观时，下生殖刺突直，中部略变宽，端部渐尖，上生殖刺突宽片状，末端圆凸，内表面近中部具长而弯的刚毛丛，第二节芒纤细，从上生殖刺突近中部背侧伸出；体色暗，颜面、中胸盾片和小盾片铜绿色至蓝绿色，具金属光泽；后躯背板金黄绿色，具金属光泽；唇基端部约 1/3 和上唇柠檬黄色。

拜访植物 鸡冠花（*Celosia cristata*）。
分　布 新疆，西藏*（吉隆县）；印度，缅甸，尼泊尔，泰国。

图 85 雌：a.体侧面观，b.体背面观，c.后躯背面观，d.头前面观，e.前翅。

Halictus (*Vestitohalictus*) *pulvereus* Morawitz, 1874

Halictus pulvereus Morawitz, 1874: 168, ♀, ♂.

尘绒毛隧蜂

鉴别特征 雌体长 5.5～6.5 mm；前翅端缘脉与第 1 亚缘横脉一样强；并胸腹节背面无毛区正中长约为并胸腹节背面长的 1/2，无毛区具网皱状刻纹，刻纹间微革状、闪光，并胸腹节后截面与侧面交界处微呈脊状，侧面上端刻点大小似中胸盾片刻点，刻点圆、深、密，刻点间距为刻点直径的 0.1～0.5 倍，刻点间光滑、闪光；后足胫节内距锯齿状，具 4 齿；头、中胸盾片暗铜绿色，具弱的金属光泽；后躯背板中域棕褐色或棕黄色，无金属光泽，背板端缘淡棕黄色、闪光；唇基端半部暗棕黄褐色，基部具紫铜色光泽；唇基上区铜绿色，具金属光泽；上唇棕黄褐色；体毛淡棕黄色或淡黄白色；颜面、头顶、后胸盾片、并胸腹节背面无毛区外及后截面和侧面一般均被较密的绒毛，中胸盾片、小盾片和后躯背板体毛较稀，不能完全覆盖背板结构。雄体长 5.0～6.0 mm；头前面观时长宽几乎相等，短卵形，头与中胸、后躯几乎等宽，头顶后缘中央圆拱；唇基强隆起；唇基上区与唇基等高；并胸腹节背面无毛区正中长约为并胸腹节背面长的 2/3，无毛区两侧具斜皱状刻纹，中央具细网状刻纹，刻纹间微革状、闪光；并胸腹节后截面与侧面交界处圆，侧面上端具圆、深的刻点，刻点大小似中胸盾片刻点，刻点间距为刻点直径的 0.5～1.0 倍，刻点间光滑、闪光，后截面大小刻点似侧面上端刻点，但刻点稍稀，刻点间距约为

a

刻点直径的 0.5～1.5 倍，刻点间光滑、闪光；后躯第 2、3 腹板中域具白色绒毛斑；后躯第 4 腹板端缘直，中间毛撮与腹板水平面平行；后躯背板中域暗铜绿色，具弱金属光泽，后躯背板端缘淡黄色、半透明；唇基暗绿色，具弱金属光泽，端部具黄斑，黄斑长约为唇基长的 1/3；颜面、颊区体毛白色或灰白色、较密，中胸盾片、小盾片和并胸腹节体毛灰白色或灰黄色、较稀，后躯背板体毛灰黄色、较密，仅后躯第 1～4 背板中域较窄的区域无毛。

拜访植物　鸡冠花（Celosia cristata）、柽柳（Tamarix chinensis）、西藏铁线莲（Clematis tenuifolia）、草木樨（Melilotus officinalis）。

分　　布　甘肃，青海，新疆，西藏*（札达县）；伊朗，土耳其，阿富汗，乌兹别克斯坦，土库曼斯坦，蒙古，塞浦路斯，俄罗斯。

隧蜂科 Halictidae | 第二次青藏高原综合科学考察西藏蜜蜂类图鉴

d

e

隧蜂科 Halictidae | 第二次青藏高原综合科学考察西藏蜜蜂类图鉴

图 86 a-e. 雌：a.体侧面观，b.体背面观，c.后躯背面观，d.头前面观，e.前翅；f-i. 雄：f.体侧面观，g.体背面观，h.后躯背面观，i.头前面观。

Lasioglossum (Leuchalictus) dynastes (Bingham, 1898)

Halictus dynastes Bingham, 1898: 124, ♀.

印度淡脉隧蜂

鉴别特征　雌体长 8.5～9.0 mm；前翅第 2 亚缘横脉与第 1 亚缘横脉一样强，第 3 亚缘横脉及第 2 回脉较第 1 亚缘横脉弱；体黑色；上颚端部红褐色；触角鞭节黑褐色；后躯第 2～4 背板具白色的基毛带，毛带正中变窄；唇基隆起，刻点斜刺状，刻点间光滑，具光泽，刻点间距为刻点直径的 0.5～1.0 倍；唇基上区刻点圆，刻点间距等于刻点直径，刻点间光滑，具光泽；额区密生刻点，刻点间距为刻点直径的 0.5 倍，刻点间光滑，具光泽；前胸背板两侧具钝三角状突起；中胸盾片前缘中央微突，中域刻点间距为刻点直径的 3.0～6.0 倍，刻点间光滑，具光泽；小盾片正中略凹；并胸腹节背区中央呈新月形，具明显围界脊，具不伸达端缘的纵皱，皱间略具革状纹，端缘光滑；并胸腹节后截面侧脊与斜脊强，斜脊沿后截面顶端弯向正中，靠正中窄分离；并胸腹节背区与侧区交界处圆，横脊不明显；后躯第 1～4 背板端部具横压；后躯第 1 背板中域刻点间距约为刻点直径的 1～2 倍，刻点间具革状纹，略具光泽；侧面观时后躯第 4 背板凹陷；后足胫基板侧脊明显，顶端尖；后足胫节内距短、锯齿状，具 6～7 齿。雄体长 8.0～8.5 mm；体黑色；前翅第 2 亚缘横脉，第 3 亚缘横脉及第 2 回脉均与第 1 亚缘横脉一样强；中胸盾片前缘中央微突，中域刻点间距为刻点直径的 3.0～6.0 倍，刻点间光滑，具光泽；并胸腹节背区中央呈新月形，具明显围界脊，具不

a

伸达端缘的纵皱，皱间略具革状纹，端缘光滑；并胸腹节后截面侧脊强，斜脊不明显；并胸腹节背区与侧区交界处圆，横脊不明显；后躯第1~4背板端部具横压；后躯第4背板正常，不凹陷；后躯第2~4背板具稀疏的白色基毛带；后躯第6腹板中域具毛簇，正面观时毛簇基部圆，两侧端部具细的长毛束；生殖突基节无膜质的腹后突；背侧观时生殖刺突钝锥形。

拜访植物　无记录。

分　布　西藏（吉隆县）；尼泊尔，阿富汗，巴基斯坦，印度。

b

c

d e

隧蜂科 Halictidae | 第二次青藏高原综合科学考察西藏蜜蜂类图鉴

f

g

206

图87 a-e.雌：a.体侧面观，b.体背面观，c.后躯背面观，d.前翅，e.头前面观；f-i.雄：f.体侧面观，g.体背面观，h.头前面观，i.前翅。

Lasioglossum (*Leuchalictus*) *kansuense* (Blüthgen, 1934)

Halictus zonulus kansuensis Blüthgen, 1934: 7, ♀, ♂.

甘肃淡脉隧蜂

鉴别特征 雌体长 10.5~11.5 mm；前翅第 2 亚缘横脉与第 1 亚缘横脉一样强，第 3 亚缘横脉及第 2 回脉较第 1 亚缘横脉弱；体黑色；中胸盾片、小盾片被淡黄色或棕黄色毛，无黑色毛；前胸背板两侧具钝三角状突起；中胸盾片正中前缘微向前凸；后躯第 1 背板背面与斜面交界处具稀的柔毛斑，斜面下部刻点密，刻点间距最大为刻点直径的 2.0 倍，中域刻点稀，刻点间距为刻点直径的 1.0~4.0 倍，刻点间具细纹；并胸腹节后截面侧脊强，伸达后截面的顶端，但无斜脊，背面与侧面交界处无横脊；并胸腹节背面三角区明显，具纵向皱纹，皱纹间光滑、闪光；后躯第 2~4 背板具淡黄色或白色基毛带，毛带中央变窄；后足胫节距短锯齿状，具 5~6 齿。雄体长 8.5~9.5 mm；体黑色；唇基被白色毛；头顶、中胸盾片被棕黄色毛；前面观时头长大于宽，头顶长度大于后单眼内缘的距离；头侧面观时，颊宽为复眼最宽处的 1.2~1.5 倍；后躯第 2~5 背板具白色的基毛带，后躯第 6 腹板中央具毛簇，正面观时毛簇纵向长，外侧向后聚拢；生殖突基节无膜质的腹后突；背侧观时生殖刺突宽铲状。

拜访植物 无记录。

分　　布 北京，河北，黑龙江，吉林，山西，山东，河南，陕西，江苏，江西，湖北，四川，云南，贵州，甘肃，青海，新疆，西藏（错那县、墨脱县、亚东县、定结县）；朝鲜，韩国，日本，俄罗斯（西伯利亚地区、远东地区）。

a

隧蜂科

Halictidae | 第二次青藏高原综合科学考察西藏蜜蜂类图鉴

d

e

图88 a-e.雌：a.体侧面观，b.体背面观，c.后躯背面观，d.头前面观，e.前翅；f-k.雄：f.体侧面观，g.体背面观，h.后躯背面观，i.头前面观，j.前翅，k.后躯第6腹板腹面观。

Lasioglossum (*Leuchalictus*) *leucozonium* (Schrank, 1781)

Apis leucozonia Schrank, 1781: 406, ♀.

具皱淡脉隧蜂

鉴别特征 雌体长 9.0~10.0 mm；前翅第 2 亚缘横脉与第 1 亚缘横脉一样强，第 3 亚缘横脉及第 2 回脉较第 1 亚缘横脉弱；体黑色；前胸背板两侧具钝三角状突起；中胸盾片正中前缘平直，不向前突；头长短于宽；并胸腹节后截面侧脊与斜脊中等程度强，斜脊沿后截面与背面交界处向中部弯，左右斜脊在并胸腹节背面交界处最大间隔约为斜脊长的 1/4，背面与侧面交界处无横脊；并胸腹节背面三角区明显，三角区两侧具纵向皱纹，中央具网状纹，皱纹间光滑、闪光；后躯第 1 背板背面与斜面交界处无柔毛斑；后躯第 2~3 背板具淡黄色的基毛带，毛带较宽；后躯第 1 背板中域两侧靠近缘带处刻点稀，刻点间距最大约为刻点直径的 3.0 倍，中域前缘刻点密，刻点间距为刻点直径的 0.5~1.5 倍，刻点间革状或具细纹；后足胫节距短锯齿状，具 7~8 齿。雄体长 8.0~9.0 mm；后躯第 6 腹板中央具毛簇，正面观时毛簇呈"八"字形；生殖突基节无膜质的腹后突；背侧观时生殖刺突短椭圆形。

拜访植物 无记录。

a

分　布　北京，河北，内蒙古，黑龙江，吉林，辽宁，陕西，湖北，四川，云南，甘肃，新疆，西藏（波密县）；摩洛哥，突尼斯，美国，加拿大，西班牙，英国，法国，德国，意大利，奥地利，匈牙利，比利时，瑞典，瑞士，丹麦，捷克，斯洛伐克，保加利亚，罗马尼亚，荷兰，波兰，芬兰，乌克兰，以色列，土耳其，阿富汗，伊朗，印度，巴基斯坦，乌兹别克斯坦，吉尔吉斯斯坦，哈萨克斯坦，蒙古，俄罗斯。

隧蜂科 Halictidae

图89 雌：a.体侧面观，b.体背面观，c.后躯背面观，d.头前面观，e.翅。

Lasioglossum (*Leuchalictus*) *occidens* (Smith, 1873)

Halictus occidens Smith, 1873: 200, ♀.

西部淡脉隧蜂

鉴别特征 雌体长 9.5～10.5 mm；前翅第 2 亚缘横脉与第 1 亚缘横脉一样强，第 3 亚缘横脉及第 2 回脉较第 1 亚缘横脉弱；体黑色；前胸背板两侧具三角状突起；中胸盾片正中前缘向前凸，微翘，正中向内凹；后躯第 1 背板背面与斜面交界处无毛斑，中域两侧靠近缘带处刻点稀，刻点间距最大约为刻点直径的 3.5 倍；并胸腹节后截面侧脊与斜脊强，左右斜脊在并胸腹节背面交界处最大间隔约为斜脊长的 1/3，背面与侧面交界处无横脊；并胸腹节背面三角区明显，具整齐的纵向皱纹，皱纹间光滑、闪光；后躯第 2～4 背板具淡黄色基毛带，毛带中央略变窄；后足胫节距短锯齿状，具 3～4 齿。雄体长 8.5～10.0 mm；后躯第 2～5 背板具黄白色的基毛带；后躯第 6 腹板具毛簇，毛簇正面观时"∩"或"Ω"形，毛簇侧部短缘变厚；生殖突基节无膜质的腹后突；背侧观时生殖刺突长片状，外侧端略尖。

拜访植物 刺五加（*Eleutherococcus senticosus*）、山茱萸属（*Cornus* spp.）、金鸡菊（*Coreopsis basalis*）、一年蓬（*Erigeron annuus*）、二色胡枝子（*Lespedeza bicolor*）、木槿（*Hibiscus syriacus*）、金森女贞（*Ligustrum japonicum*）、黄檗（*Phellodendron amurense*）。

分　布 北京，天津，河北，陕西，山东，江苏，湖南，湖北，江苏，福建，广东，江西，浙江，四川，贵州，甘肃，西藏（墨脱县），台湾；朝鲜，韩国，日本，俄罗斯（远东地区）。

隧蜂科 Halictidae

隧蜂科 Halictidae

隧蜂科 Halictidae | 第二次青藏高原综合科学考察西藏蜜蜂类图鉴

f

g

图90 a-e.雌：a.体侧面观，b.体背面观，c.后躯背面观，d.头前面观，e.翅；f-i.雄：f.体侧面观，g.体背面观，h.后躯背面观，i.头前面观。

Lasioglossum (Lasioglossum) exiliceps (Vachal, 1903)
Halictus exiliceps Vachal, 1903: 129, ♀.

细弱淡脉隧蜂 中国新记录种

鉴别特征 雌体长 8.0~9.0 mm；前翅第 2 亚缘横脉与第 1 亚缘横脉一样强，第 3 亚缘横脉及第 2 回脉较第 1 亚缘横脉弱；体黑色；头长约为宽的 0.95 倍；前胸背板两侧具钝三角状突起；中胸盾片正中前缘平直；唇基刻点圆、浅，刻点间距为刻点直径的 1.0~1.5 倍，刻点间革状、暗，不闪光；中胸盾片刻点密，刻点间距约为刻点直径的 0.2 倍，刻点间革状、暗；后躯第 2~4 背板具白色的基毛带，后躯第 2、4 背板基毛带正中只略外露于前一背板下；头顶、中胸盾片被淡黄色毛；并胸腹节后截面侧脊向背面只伸达 2/3 处，无斜脊，背区具排列整齐的纵纹，纹间细颗粒状、微闪光；中胸盾片正中前缘向前凸，微翘，正中向内凹；后躯第 1 背板背面与斜面交界处无毛斑；后躯第 1 背板光滑、闪光，不规则地分散少许细小刻点；后足胫节内距短、锯齿状，具 4~5 齿。雄体长 8.0~9.0 mm；头长宽近相等或长略大于宽；唇基前缘具黄斑，黄斑长约为唇基长的 1/3；后躯第 6 腹板正中无毛簇；生殖突基节具膜质的腹后突；生殖刺突背侧观时尖形。

拜访植物 紫花枫（*Acer pseudosieboldianum*）、山茱萸属（*Cornus* spp.）、小檗属（*Berberis* spp.）、全叶大蒜芥（*Sisymbrium luteum*）、芸薹属（*Brassica* spp.）、忍冬属（*Lonicera* spp.）、锦带花（*Weigela florida*）、二色胡枝子（*Lespedeza bicolor*）、圆叶老鹳草

（*Geranium krameri*）、荨麻叶龙头草（*Meehania urticifolia*）、狼尾花（*Lysimachia barystachys*）、红山樱（*Cerasus jamasakura*）、三叶海棠（*Malus toringo*）、小米空木（*Neillia incisa*）、悬钩子（*Rubus crataegifolius*）、日本地榆（*Sanguisorba hakusanensis*）、珍珠花（*Staphylea bumalda*）、缬草（*Valeriana officinalis*）。

分　　布　西藏*（吉隆县）；朝鲜，韩国，日本，俄罗斯（远东地区）。

隧蜂科 Halictidae | 第二次青藏高原综合科学考察西藏蜜蜂类图鉴

图91 雌：a.体侧面观，b.体背面观，c.后躯背面观，d.头前面观，e.翅。

Lasioglossum (Lasioglossum) ochreohirtum (Blüthgen, 1934)

Halictus ochreohirtus Blüthgen, 1934: 7, ♀.

褐毛淡脉隧蜂

鉴别特征 雌体长 8.5~9.0 mm；前翅第 2 亚缘横脉与第 1 亚缘横脉一样强，第 3 亚缘横脉及第 2 回脉较第 1 亚缘横脉弱；头长约为头宽的 0.95 倍；并胸腹节后截面侧脊向上只伸达后截面的 1/2 处，并胸腹节后截面和侧面呈颗粒状皱纹，背区半月形，具细密的纵纹，纹间颗粒状，无光泽；中胸侧板呈颗粒状刻纹，无光泽；中胸盾片中域刻点密，刻点间距为刻点直径的 0.2~0.5 倍，刻点间细颗粒状，无光泽；后躯第 1 背板具分散的细小刻点，背板具细纹，缘带闪光；后躯第 2~4 背板常具白色的基毛带，后躯第 4 背板基毛带常隐藏于后躯第 3 背板下，毛带中央变窄；所有足黑褐色，被棕黄色毛；颜面、头顶、中胸盾片、小盾片、中胸侧板、并胸腹节侧面均被棕黄色毛；雄体长 8.5 mm；体棕黑色；唇基下半部黄色；头长宽近相等；触角第 3 鞭节分节长约为宽的 1.5 倍；并胸腹节背区半月形，与小盾片等长；后躯第 6 腹板正中无毛簇；生殖突基节具膜质的腹后突，腹后突长约为宽的 4.5 倍，角状小刀形，顶端尖；生殖刺突背侧观时近长方形，端部微凹，下角具长刚毛。

拜访植物 光叶小檗（*Berberis lecomtei*）、斜茎黄芪（*Astragalus adsurgens*）。

分　　布 北京，浙江，四川，云南，甘肃，青海，西藏（亚东县、定日县）。

a

隧蜂科 Halictidae

图92 雌：a.体侧面观，b.体背面观，c.后躯背面观，d.头前面观，e.前翅。

Lasioglossum (Lasioglossum) phoebos Ebmer, 1978

Lasioglossum (*Lasioglossum*) *phoebos* Ebmer, 1978: 94, ♀.

菲伯斯淡脉隧蜂

鉴别特征 雌体长 7.0~8.5 mm；前翅第 2 亚缘横脉与第 1 亚缘横脉一样强，第 3 亚缘横脉及第 2 回脉较第 1 亚缘横脉弱；头长宽相等；并胸腹节后截面侧脊向上仅伸达后截面的 2/3 处，并胸腹节后截面和侧面呈皱纹状，背区半月形，具细密的整齐的纵纹，纹间细颗粒状、闪光；后躯第 2~3 背板具白色基毛带，毛带宽，约占背板宽的 1/3；后躯第 4 背板基毛带长占背板长的 1/2，与缘带处的白色毛融合在一起；中胸盾片刻点细密，刻点间距约为刻点直径的 0.2 倍，刻点间光滑、闪光；颜面、头顶、中胸盾片被淡黄色毛；颊、中胸侧板被白色毛；后足胫节内距短锯齿状，具 5~6 短齿。雄体长 8.0~8.5 mm；唇基端缘具黄斑，黄斑长约为唇基长的 1/3；中胸盾片刻点密，刻点间距为刻点直径的 0.2~1.0 倍，刻点间光滑、闪光；头、中胸盾片被灰白色毛；后躯第 6 腹板正中无毛簇；生殖突基节具膜质的腹后突，腹后突长为宽的 2.3 倍，后端顶部略尖；生殖刺突背侧观时近基部内侧具一大的近长方形的片状突，片状突下端内侧向内伸出一长片状细突，长约为宽的 2.0 倍，端缘内侧钝角状，端缘外侧略圆，生殖刺突如图 93 j-k 所示。

拜访植物 无记录。

分　　布 西藏（白朗县、江孜县、山南市乃东区、日喀则市桑珠孜区）。

a

f

g

隧蜂科 Halictidae | 第二次青藏高原综合科学考察西藏蜜蜂类图鉴

h

i

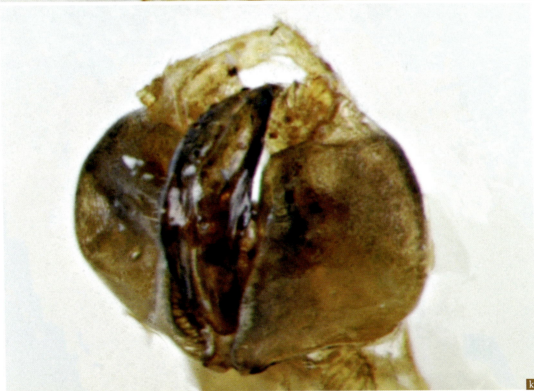

图 93 a-e. 雌：a. 体侧面观，b. 体背面观，c. 后躯背面观，d. 头前面观，e. 前翅；f-k. 雄：f. 体侧面观，g. 体背面观，h. 头前面观，i. 前翅，j. 生殖器腹面观，k. 生殖器背侧面观。

Lasioglossum (*Lasioglossum*) *proximatum* (Smith, 1879)

Lasioglossum proximatum Smith, 1879: 31, ♀.

窄毛淡脉隧蜂

鉴别特征 雌体长 8.5～9.0 mm；前翅第 2 亚缘横脉与第 1 亚缘横脉一样强，第 3 亚缘横脉及第 2 回脉较第 1 亚缘横脉弱；头长为宽的 0.8～0.85 倍；并胸腹节后截面侧脊向上伸达后截面顶端，与背面端缘的斜脊相连，斜脊沿背面端缘连续；并胸腹节后截面和侧面呈皱纹状，背区半月形，具整齐的纵纹，纹间光滑、闪光；中胸盾片刻点细密，刻点间距为刻点直径的 0.2～1.0 倍，刻点间革状、不闪光；后躯第 1 背板前截面光滑、无刻点，背面刻点细密，刻点间距为刻点直径的 0.5～2.0 倍，刻点间具细纹、闪光。雄体长 8.5～9.0 mm；触角第 2 鞭节分节长约为第 1 鞭节分节长的 2.0 倍；中胸盾片刻点密，最大刻点间距约为刻点直径的 1.5 倍；后躯第 6 腹板正中无毛簇；生殖突基节具膜质的腹后突，腹后突呈不规则的四边形，端部宽；生殖刺突背侧观时呈短四边形。

拜访植物 蒲公英属（*Taraxacum* spp.）、芸薹属（*Brassica* spp.）、漆姑草（*Sagina japonica*）、杜鹃花属（*Rhododendron* spp.）、紫穗槐属（*Amorpha* spp.）、童氏老鹳草（*Geranium thunbergii*）、木通（*Akebia quinata*）、连翘（*Forsythia suspensa*）、鼠李（*Rhamnus davurica*）、三叶海棠（*Malus toringo*）、柳属（*Salix* spp.）、野安息香（*Styrax japonica*）。

分　　布 北京，河北，辽宁，陕西，江苏，浙江，湖北，四川，福建，西藏（墨脱县）；朝鲜，韩国，日本，蒙古，俄罗斯（远东地区）。

a

隧蜂科 Halictidae

隧蜂科

Halictidae

第二次青藏高原综合科学考察西藏蜜蜂类图鉴

h

i

隧蜂科 Halictidae

第二次青藏高原综合科学考察西藏蜜蜂类图鉴

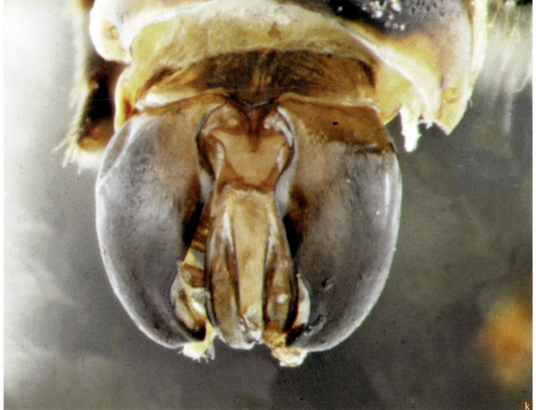

图94 a-e.雌：a.体侧面观，b.体背面观，c.后躯背面观，d.头前面观，e.前翅；f-k.雄：f.体侧面观，g.体背面观，h.头前面观，i.前翅，j.生殖器侧面观，k.生殖器背面观。

Lasioglossum (*Lasioglossum*) *scoteinum* Ebmer, 1998

Lasioglossum (*Lasioglossum*) *scoteinum* Ebmer, 1998: 399, ♀.

黑凫淡脉隧蜂

鉴别特征 雌体长 7.0~9.5 mm；前翅第 2 亚缘横脉与第 1 亚缘横脉一样强，第 3 亚缘横脉及第 2 回脉较第 1 亚缘横脉弱；体黑色；头、中胸盾片无金属光泽；头长约为宽的 0.85 倍，并胸腹节背区长为小盾片长的 1.25 倍，并胸腹节后截面侧脊向上伸达后截面顶端，与背面端缘的斜脊相连，斜脊向内弯向正中，与背面端缘相融，侧面与背面交界处具横脊；并胸腹节后截面和侧面呈粗皱纹状，背区半月形，具整齐的稀纵纹，纹间光滑、闪光，斜区具稀的斜纹，纹间光滑、闪光；中胸盾片刻点极稀，刻点间距为刻点直径的 2.0~8.0 倍，刻点间光滑、闪光；后躯第 1 背板前截面光滑、无刻点，背面刻点细密，刻点间距为刻点直径的 0.5~3.0 倍，刻点间光滑、闪光；后躯第 2~3 背板基部和端部刻点细，刻点间距为刻点直径的 1.0~3.5 倍，刻点间光滑、闪光，中部光滑、闪光，仅具稀而分散的细刻点；后躯第 2~4 背板具白色的基毛斑；后躯第 1~5 腹板被长而直立的白色羽状毛；后足胫节内距短锯齿状，第 1 齿明显，短锯齿状，第 2~3 齿短圆，其后的齿呈波浪状相连而分隔不清。

拜访植物 无。

分　　布 云南，西藏（波密县、亚东县、吉隆县）。

a

隧蜂科 Halictidae | 第二次青藏高原综合科学考察西藏蜜蜂类图鉴

d

e

图 95 雌：a. 体侧面观，b. 体背面观，c. 后躯背面观，d. 头前面观，e. 前翅，f. 并胸腹节背面观，g. 中躯背面观。

Lasioglossum (*Ctenonomia*) *blakistoni* Sakagami & Munakata, 1990

Lasioglossum (*Ctenonomia*) *blakistoni* Sakagami & Munakata, 1990: 985, ♀, ♂.

毛腿淡脉隧蜂

鉴别特征 雌体长 6.5~9.0 mm；前翅第 2 亚缘横脉与第 1 亚缘横脉一样强，第 3 亚缘横脉及第 2 回脉较第 1 亚缘横脉弱；体黑色，无金属光泽；头长略大于宽；唇基黑色，刻点斜刺状，刻点间距为刻点直径的 0.5~1.0 倍，刻点间光滑、闪光；唇基上区刻点圆，中央刻点稀，刻点间距约为刻点直径的 1.0~3.0 倍，两侧缘刻点密，刻点间距为刻点直径的 0.2~0.5 倍，刻点间具革状细纹，微闪光；额区刻点密，刻点间距约为刻点直径的 0.2 倍；中胸盾片刻点圆，中域刻点间距为刻点直径的 2.0~4.0 倍，四周刻点密，刻点间距为刻点直径的 0.2~0.5 倍，刻点间光滑、闪光；中胸侧板皱纹状；并胸腹节后截面侧脊强，伸达后截面顶端，与斜脊和横脊相连，背区新月形，具不规则的皱纹，纹间光滑、闪光，后端缘具脊，斜区明显，斜区内无皱纹，光滑、闪光；后躯第 1 背板后截面及背面基部刻点稀，刻点间距约为刻点直径的 2.0 倍，中域两侧各具一无刻点区，背面端部刻点较基部稍密；后躯第 2~4 背板具宽的黄色基毛带；后足转节、腿节下表面具长而弯曲的金黄色羽状毛，后足胫节内距栉状，具 4~5 齿，前 3 齿细长；雄体长 6.0~8.0 mm；头长宽相等；唇基端缘具横形黄斑，黄斑长约为唇基长的 1/2；并胸腹节背区新月形，具不规则的皱纹，纹间光滑、闪光。

拜访植物 伞形花科（Apiaceae）、菊科（Asteraceae）、十字花科（Brassicaceae）、忍冬科（Caprifoliaceae）、七叶树科（Hippocastanaceae）、蓼科（Polygonaceae）、毛茛科（Ranunculaceae）。

分　布 四川，云南，西藏*（错那县、波密县）；日本，俄罗斯。

a

图96 雌：a.体侧面观，b.体背面观，c.后躯背面观，d.头前面观，e.前翅。

Lasioglossum (Ctenonomia) splendidulum (Vachal, 1894)

Halictus splendidulus Vachal, 1894: 432, ♀, ♂.

耀淡脉隧蜂

鉴别特征 雌体长 5.0~6.5 mm；前翅第 2 亚缘横脉与第 1 亚缘横脉一样强，第 3 亚缘横脉及第 2 回脉较第 1 亚缘横脉弱；体黑色；唇基与中胸盾片具浅绿色金属光泽；唇基黑色，扁平，刻点斜刺状；额区刻点圆、密；中胸盾片刻点圆，刻点间距为刻点直径的 0.5~1.5 倍，刻点间具细纹；中胸侧板皱纹状；并胸腹节后截面侧脊、斜脊强，背面与侧面交界处具横脊，背面呈半月形，具斜纵皱纹，纹间具细纹、闪光，斜区明显；后躯第 1 背板前截面和基部光滑、无刻点，端部具细小刻点；后躯第 1 背板前截面及背板两侧缘具直立的淡黄色羽状毛，背面两侧另具小的灰白色毛斑；后躯第 2~4 背板具灰白色基毛带；后躯第 2~3 背板基毛带中央变窄；后躯第 2~4 腹板中部及端部具密的长直立淡黄色羽状毛；后足胫节内距栉状，具 2~3 齿；后足基节、转节、腿节、胫节、基跗节具淡黄色羽状长毛，胫节外侧上缘另具密而短的整齐的黑褐色毛。雄体长 5.5~6.5 mm；体黑色；唇基与中胸盾片具浅绿色金属光泽；唇基前缘具黄斑，斑长约为唇基长的 1/2；触角第 2 鞭节分节长约为第 1 鞭节分节长的 1.25 倍；并胸腹节后截面侧脊、斜脊强，背面与侧面交界处具横脊，背面呈新月形，具纵皱纹，纹间具细纹、闪光，斜区明显；后躯第 1 背板前截面及背板两侧缘具直立的淡黄色羽状毛，背面两侧另具小的灰白色毛斑；后躯第 2~4 背板具灰白色的基毛带；后躯第 2 背板基毛带中央变窄；后躯第 3~4 腹板端部具长而密的整齐的淡黄白色羽状毛。

a

拜访植物 无记录。

分　　布 北京，内蒙古，河南，云南，西藏（墨脱县）；印度，尼泊尔，缅甸，泰国，越南，印度尼西亚。

隧蜂科 Halictidae

第二次青藏高原综合科学考察西藏蜜蜂类图鉴

d

e

f

g

图97 a-e.雌：a.体侧面观，b.体背面观，c.后躯背面观，d.头前面观，e.前翅；f-i.雄：f.体侧面观，g.体背面观，h.后躯背面观，i.头前面观。

Lasioglossum (*Ctenonomia*) *vagans* (Smith, 1857)
Halictus vagans Smith, 1857: 42, ♀.

褐足淡脉隧蜂

鉴别特征 雌体长 5.5~7.0 mm；前翅第 2 亚缘横脉与第 1 亚缘横脉一样强，第 3 亚缘横脉及第 2 回脉较第 1 亚缘横脉弱；体黑色；唇基与中胸盾片黑色，无金属光泽；唇基稍隆起，刻点微斜刺状，刻点间革状；额区刻点圆、密；中胸盾片刻点圆，刻点间距为刻点直径的 0.2~0.5 倍，刻点间细颗粒状、暗；中胸侧板皱纹状；并胸腹节后截面侧脊、斜脊强，背面与侧面交界处具横脊，背面呈半月形，具斜纵皱纹，纹间具细纹、闪光，斜区明显；后躯第 1 背板前截面光滑、无刻点，基部及端部具细小刻点；后躯第 1 背板前截面及背板两侧缘具直立的淡黄色羽状毛，背面两侧另具中等大小灰白色毛斑；后躯第 2~4 背板具灰白色基毛带；后躯第 2~3 背板基毛带中央明显变窄；后躯第 2~4 腹板中部及端部具稀的长直立淡黄色羽状毛；后足胫节内距栉状，具 3~4 齿；后足基节、转节、腿节、胫节、基跗节具淡黄色羽状长毛，胫节外侧上缘另具密而短的整齐的黑褐色毛。雄体长 5.5~6.5 mm；体黑色；唇基与中胸盾片无色金属光泽；唇基前缘具黄斑，斑长约为唇基长的 1/2；触角第 2 鞭节分节长约为第 1 鞭节分节长的 2.0 倍；并胸腹节后截面侧脊、斜脊强，背面与侧面交界处具横脊，背面呈半月形，具稀的斜纵皱纹，纹间光滑、闪光，斜区明显；后躯第 1 背板前截面及背板两侧缘具直立的淡黄色羽状毛，背面两侧另具小的灰白色毛斑；后躯第 2~4 背板具淡灰黄色基毛带；后躯第 2~3 背板基毛带中央变窄；后躯第 3~4 腹板端部具稀长的淡黄色羽状毛。

a

拜访植物 欧洲油菜（*Brassica napus*）、南瓜（*Cucurbita moschata*）、野蔷薇（*Rosa multiflora*）、向日葵（*Helianthus annuus*）、菊科（Asteraceae）、砂仁（*Amomum villosum*）、榆叶梅（*Amygdalus triloba*）、轮叶婆婆纳（*Veronica spuria*）。

分 布 江苏，上海，浙江，湖北，福建，广东，云南，西藏*（墨脱县），海南，台湾；利比亚，埃及，德国，土耳其，阿塞拜疆，阿联酋，阿富汗，巴基斯坦，斯里兰卡，伊朗，印度，尼泊尔，泰国，缅甸，马来西亚，印度尼西亚，菲律宾，几内亚。

隧蜂科 Halictidae

第二次青藏高原综合科学考察西藏蜜蜂类图鉴

d

e

隧蜂科 Halictidae

第二次青藏高原综合科学考察西藏蜜蜂类图鉴

图98 a-e.雌：a.体侧面观，b.体背面观，c.后躯背面观，d.头前面观，e.前翅；f-i.雄：f.体侧面观，g.体背面观，h.后躯背面观，i.头前面观。

Lasioglossum (*Hemihalictus*) *taeniolellum* (Vachal, 1903)
Halictus taeniolellus Vachal, 1903: 131, ♀.

条纹淡脉隧蜂

鉴别特征 雌体长 5.0~6.5 mm；前翅第 2 亚缘横脉、第 3 亚缘横脉及第 2 回脉均较第 1 亚缘横脉弱；体黑色，无金属光泽；唇基微隆起，端部 1/3 光滑、无刻点，基部 2/3 具圆刻点，刻点间距约为刻点直径的 1.5 倍，刻点间具革状纹、略闪光；唇基上区及额区密被刻点，刻点间距约为刻点直径的 0.2 倍，刻点间具革状纹、略闪光；后颊区具排列整齐的细纵纹；中胸盾片刻点圆，刻点间距约等于刻点直径，刻点间具革状纹、略闪光；小盾片正中略凹，两侧隆起部刻点间距为刻点直径的 0.5~2.0 倍，刻点间闪光；中胸侧板粗糙，具颗粒状皱纹；后躯第 1 背板前截面及基部无刻点、光滑，中部及端部刻点间距为刻点直径的 5.0~6.0 倍，中部中央区域具革状纹，其余部分光滑、具光泽；并胸腹节后截面侧脊仅伸达后截面的 1/2 处，背区新月形，两侧具细的纵纹，纹间光滑、闪光，中央基部 1/2 具细纵纹，端部 1/2 具革状纹；并胸腹节无斜脊及横脊；后躯第 1 背板两侧缘具白色的端毛斑；后躯第 2~4 背板具白色端毛带，毛带中央中断宽，另后躯第 2、3 背板还具白色基毛斑，有时后躯第 3 背板的基毛斑隐藏于后躯第 2 背板下；后足胫基板两侧脊明显，顶端圆；后足胫节内距栉状，具 3~4 齿，前 2 齿较长。雄体长 5.0~6.0 mm；唇基端缘约 1/2 具黄斑；颊后部下方明显扩张；触角第 2 鞭节分节长约为第 1 鞭节分节长的 2.0 倍。

a

拜访植物　椴树（*Tilia tuan*）。

分　　布　内蒙古，山东，上海，福建，青海，西藏*（聂拉木县、吉隆县、波密县、墨脱县）；德国，朝鲜，日本。

b

c

图99 雌：a.体侧面观，b.体背面观，c.后躯背面观，d.头前面观，e.前翅。

Lasioglossum (*Dialictus*) *annulipes* (Morawita, 1876)

Halictus annulipes Morawitz, 1876: 221, ♀.

光环淡脉隧蜂 中国新记录种

鉴别特征 雌体长 5.0~6.0 mm；前翅第 2 亚缘横脉、第 3 亚缘横脉及第 2 回脉均较第 1 亚缘横脉弱；体黑色；头、中躯背板及中躯侧板均具铜绿色金属光泽；后躯背板具弱的铜绿色金属光泽；唇基微隆起，端半部黑色，刻点斜刺状，刻点间光滑、闪光，基半部具铜绿色金属光泽，刻点圆，刻点间距约为刻点直径的 0.2 倍，刻点间光滑、闪光；唇基上区隆起较唇基强，具铜绿色金属光泽，刻点圆，刻点间距约为刻点直径的 0.5 倍，刻点间光滑、闪光；中胸盾片刻点圆，刻点间距为刻点直径的 0.3~0.5 倍，刻点间光滑、闪光；中胸侧板窝缝上区具明显刻点，刻点间光滑、闪光；后躯第 1 背板前截面和背面基部具明显的刻点，刻点间无细横纹，刻点间光滑、闪光，刻点间距为刻点直径的 1.0~3.0 倍，端部及缘带近无刻点，光滑、闪光；后躯第 2~3 背板中域亦具明显的细小刻点；并胸腹节后截面侧脊弱，仅在后截面下 1/3 处有弱的侧脊，无斜脊及横脊，背区半月形，具稀的纵纹，纹间具革状纹、闪光；后躯第 1~3 背板缘带淡棕黄色、透明；后足胫基板两侧脊不明显，顶端圆；后足胫节内距栉状，具 2~3 齿。雄体长 5.0~5.5 mm；体黑色；头、中胸盾片及小盾片具铜绿色金属光泽；唇基端缘近 1/3 部分具黄斑；触角第 2 鞭节分节长约为第 1 鞭节分节长的 1.2 倍；触角鞭节下表面黄褐色；并胸腹节刻纹似雌；后躯第 1~3 背板具细小刻点，刻点间光滑、闪光；后躯第 2~4 腹板被稀疏的淡黄色直立的羽状长毛，羽状毛不呈簇；生殖突基节具膜质的腹后突，膜后突正面观时呈长"S"形；后外侧角具弯短毛；生殖刺突背侧观时端部膨大，内侧角稍尖，外侧渐圆；生殖突基节腹后突及生殖刺突结构如图 100 j-k 所示。

a

拜访植物　　劲直黄芪（*Astragalus strictus*）。
分　　布　　西藏*（吉隆县、普兰县）；保加利亚，亚美尼亚，土耳其，阿富汗，伊朗，塔吉克斯坦，乌兹别克斯坦，哈萨克斯坦，巴基斯坦，俄罗斯。

d

e

图 100 a-e. 雌：a. 体侧面观，b. 体背面观，c. 后躯背面观，d. 头前面观，e. 前翅；f-k. 雄：f. 体侧面观，g. 体背面观，h. 后躯背面观，i. 头前面观，j. 生殖器腹面观，k. 生殖器背侧面观。

Lasioglossum (*Dialictus*) *krishna* (Nurse, 1901)

Halictus krishna Nurse, 1901: 146, ♀.

奎师那淡脉隧蜂　　中国新记录种

鉴别特征　雌体长 5.0~7.0 mm；前翅第 2 亚缘横脉、第 3 亚缘横脉及第 2 回脉均较第 1 亚缘横脉弱；体黑色；头、中躯背板具铜绿色金属光泽，后躯背板具弱的铜绿色金属光泽；唇基隆起，端部 1/3 光滑、无刻点、黑色，基部 2/3 具圆刻点，刻点间距约为刻点直径的 0.2 倍，刻点间具革状纹、闪光、具铜绿色金属光泽；唇基上区隆起较唇基强，具铜绿色金属光泽，中央具稀而分散的刻点，刻点间光滑、闪光，两侧缘刻点似唇基基部刻点；额区刻点细密，刻点间距约为刻点直径的 0.2 倍；中胸盾片刻点圆，刻点间距为刻点直径的 0.3~0.8 倍，刻点间光滑、闪光，具铜绿色金属光泽；小盾片中央平，刻点似中胸盾片；并胸腹节后截面侧脊仅伸达后截面的 1/2 处，背区新月形，两侧具细的纵纹，纹间细颗粒状、微闪光，中央基部 1/2 具细纵纹，端部 1/2 颗粒状；中胸侧板窝缝上区具细密刻点，刻点间粗糙、微闪光；并胸腹节无斜脊及横脊；后躯第 1 背板前截面及背面无刻点，具明显细横纹；后躯第 2~3 背板具细横纹，纹间夹有不明显细刻点；后躯第 1~3 背板缘带淡棕黄色、透明；后足胫基板两侧脊明显，顶端圆；后足胫节内距栉状，具 2~3 齿。雄体长 5.0~6.5 mm；体黑色；头、中胸盾片及小盾片具铜绿色金属光泽；唇基端缘近 1/2 具黄斑；触角第 2 鞭节分节长约为第 1 鞭节分节长的 1.2 倍；并胸腹节刻纹似雌；后躯第 1~3 背板具细小的刻点，刻点间光滑、闪光；后躯第 3~5 腹板端缘具直

a

立的白色羽状长毛簇，腹板端缘正中羽状长毛簇中断；生殖突基节具膜质的腹后突，膜后突正面观时呈长"S"形；后外侧角具弯毛，毛中等长；生殖刺突背侧观时端部膨大，内侧角尖，外侧渐圆；生殖突基节腹后突及生殖刺突结构如图 101 k 所示。

拜访植物 光叶小檗（*Berberis lecomtei*）。

分　　布 西藏*（亚东县、错那县、白朗县、吉隆县）；印度，尼泊尔，不丹。

隧蜂科 Halictidae

第二次青藏高原综合科学考察西藏蜜蜂类图鉴

隧蜂科 Halictidae

第二次青藏高原综合科学考察西藏蜜蜂类图鉴

f

g

隧蜂科
Halictidae

第二次青藏高原综合科学考察西藏蜜蜂类图鉴

图101 a-f. 雌：a.体侧面观，b.体背面观，c.后躯背面观，d.并胸腹节背面观，e.头前面观，f.前翅；g-k. 雄：g.体侧面观，h.体背面观，i.后躯背面观，j.头前面观，k.生殖器背侧面观。

Lasioglossum (Dialictus) lambatum Fan & Ebmer, 1992

Lasioglossum (Evylaeus) lambatum Fan & Ebmer, 1992: 236, ♀.

舐淡脉隧蜂

鉴别特征 雌体长 5.0~5.5 mm；前翅第 2 亚缘横脉、第 3 亚缘横脉及第 2 回脉均较第 1 亚缘横脉弱；体黑色；头、中躯背板及中躯侧板均具铜绿色金属光泽；后躯背板具弱的铜绿色金属光泽；唇基微隆起，端半部黑色，刻点斜刺状，刻点间光滑、闪光，基半部具铜绿色金属光泽，刻点圆，刻点间距约为刻点直径的 0.2 倍，刻点间光滑、闪光；唇基上区隆起较唇基强，具铜绿色金属光泽，刻点圆，刻点间距约为刻点直径的 0.5 倍，刻点间光滑、闪光；中胸盾片刻点圆，刻点间距为刻点直径的 0.3~0.5 倍，刻点间光滑、闪光；中胸侧板窝缝上区具明显刻点，刻点间光滑、闪光；后躯第 1 背板前截面和背面基部具明显刻点，刻点间具弱的细横纹，刻点间距为刻点直径的 1.0~3.0 倍，端部及缘带近无刻点，光滑、闪光，后躯第 2~3 背板中域亦具明显细小刻点；并胸腹节后截面侧脊弱，仅在后截面下 1/3 处有弱的侧脊，无斜脊及横脊，背区半月形，具稀的纵纹，纹间具革状纹、闪光；后躯第 1~3 背板缘带淡棕黄色，透明；后足胫基板两侧脊不明显、顶端圆；后足胫节内距栉状，具 2~3 齿。雄体长 5.0~6.5 mm；体黑色；头、中胸盾片及小盾片具铜绿色金属光泽；唇基端部近 1/2 具黄斑；触角第 2 鞭节分节长约为第 1 鞭节分节长的 1.2 倍；并胸腹节刻纹似雌；后躯第 1~3 背板具细小的刻点，刻点间光滑、闪光；后躯第 3~5 腹板端缘具直立的白色羽状长毛簇，腹板端缘正中羽状长毛簇中断；生殖突基节具膜质腹后突，膜后突正面观时呈长"S"形；后外侧角具长弯毛；生殖刺突背侧观时端部长椭圆形；生殖突基节腹后突及生殖刺突

a

结构如图 102 k 所示。
拜访植物　劲直黄芪（*Astragalus strictus*）。
分　　布　西藏（白朗县、波密县、吉隆县、普兰县、仁布县、尼木县）。

隧蜂科 Halictidae

隧蜂科 Halictidae | 第二次青藏高原综合科学考察西藏蜜蜂类图鉴

f

g

图 102 a-e. 雌：a.体侧面观，b.体背面观，c.头前面观，d.后躯背面观，e.前翅；f-k. 雄：f.头前面观，g.中躯背面观，h.并胸腹节背面观，i.后躯背面观，j.后躯腹面观，k.生殖器背侧面观。

Lasioglossum (*Dialictus*) *mandibulare* (Morawitz, 1866)

Hylaeus mandibularis Morawitz, 1866: 23, ♀.

颚淡脉隧蜂

鉴别特征 雌体长 5.0~6.7 mm；前翅第 2 亚缘横脉、第 3 亚缘横脉及第 2 回脉均较第 1 亚缘横脉弱；头、中躯黑色，具铜绿色金属光泽，后躯褐黄色，无金属光泽；头长短于宽；头侧面观时颊明显宽于复眼；唇基微隆起，宽约为长的 3.0 倍，黑色，具铜绿色光泽，刻点圆，稀而分散，最大刻点间距为刻点直径的 2.0~4.0 倍，刻点间光滑、闪光；唇基上区较唇基隆起强，具绿色的金属光泽，刻点细小，刻点间距约为刻点直径的 2.0~3.0 倍，刻点间光滑、闪光；额区具强铜绿色光泽，刻点细密，刻点间距约为刻点直径的 0.2 倍；上颚细长、黄褐色，具内端齿，中胸盾片具强的铜绿色光泽，刻点细，刻点间距为刻点直径的 1.0~3.0 倍，刻点间具细纹、闪光；并胸腹节后截面侧脊弱，仅伸达后截面的 1/2 处，无斜脊和横脊，背区半月形，仅背区正中具一纵条纹，其余背区均具细革状纹，背区闪光；中胸侧板具铜绿色光泽，闪光，具圆刻点；后躯第 1 背板光滑、无刻点，具横向细纹；后躯第 2~3 背板中域具稀的细小刻点；后足胫节内距栉状，具 2~4 齿，前 2 齿细长。雄体长 5.0~6.0 mm；似雌，但体较细长；唇基端部具黄色横条状斑；后躯第 2~3 背板基部两侧具白色毛斑；并胸腹节背区具纵皱，但纵皱不达背区端缘。

拜访植物 无记录。

分　　布 内蒙古，新疆，西藏（墨脱县、波密县）；西班牙，意大利，奥地利，希腊，罗马尼亚，乌克兰，塞浦路斯，土耳其，叙利亚，阿塞拜疆，亚美尼亚，哈萨克斯坦，土库曼斯坦，俄罗斯。

a

图103 雌：a.体侧面观，b.后躯背面观，c.并胸腹节背面观，d.头前面观，e.翅。

Lasioglossum (*Dialictus*) *przewalskyi* (Blüthgen, 1931)

Halictus przewalskyi Blüthgen, 1931: 358, ♀.

普氏淡脉隧蜂

鉴别特征　雌体长 6.0~6.5 mm；前翅第 2 亚缘横脉、第 3 亚缘横脉及第 2 回脉均较第 1 亚缘横脉弱；头、中躯黑色，无金属光泽；后躯黑色，无金属光泽；后躯第 1~4 背板缘带黄褐色、透明；触角鞭节下表面黄褐色；头长约为宽的 1.1 倍；唇基微隆起，具斜刺状刻点，刻点呈纵向排列，刻点间光滑、闪光；唇基上区隆起强于唇基，具稀的细小圆刻点，刻点间光滑、闪光；额区刻点圆、密，刻点间距约为刻点直径的 0.2 倍，刻点间光滑、闪光；中胸盾片刻点大、圆，刻点间距为刻点直径的 0.2~3.0 倍，刻点间光滑、闪光；小盾片正中略凹，具细小圆刻点，两侧的中域刻点较正中稀，刻点间光滑、闪光；中胸侧板具圆刻点，窝缝上区刻点稍稀，刻点间光滑、闪光；并胸腹节后截面侧脊弱，仅伸达后截面的 1/3 处，无斜脊与横脊；并胸腹节侧面上部具细密刻点；并胸腹节背区半月形，两侧具斜纵皱，正中基部近 3/4 具不规则网纹，端部 1/4 光滑；后躯第 1 背板前截面及背面基部具细小圆刻点，刻点间光滑、闪光；后躯第 1 背板前截面具稀疏羽状毛；后躯第 2~4 背板具白色基毛带；后躯第 2、3 背板基毛带正中略变窄；后足胫节内距短锯齿状，具 5~6 短三角形齿。雄（新描记），体长 5.0~5.5 mm；体黑色，无金属光泽；后躯第 1~4 背板缘带黄褐色、透明；前翅第 2 亚缘横脉、第 3 亚缘横脉及第 2 回脉均与第 1 亚缘横脉一样强；唇基黑色，端缘无黄斑；唇基、唇基上区及触角窝周围密被白色柔毛；中胸盾片、小盾片、中胸侧板、后躯背板刻点似雌；并胸腹节刻纹似雌；生殖刺突背侧观时近四方形；生殖突基节腹后突基部宽圆，顶端细尖，整个腹后突向外侧凸。

拜访植物　斜茎黄芪 (*Astragalus adsurgens*)。

分　　布　新疆，西藏*（白朗县、仁布县、桑日县）。

h

i

隧蜂科 Halictidae

图 104 a-e. 雌：a.体侧面观，b.体背面观，c.后躯背面观，d.头前面观，e.翅；f-k.雄：f.体侧面观，g.体背面观，h.后躯背面观，i.头前面观，j.前翅，k.生殖器背面观。

Lasioglossum (*Evylaeus*) *apristum* (Vachal, 1903)
Halictus apristus Vachal, 1903: 103, ♀.

无距淡脉隧蜂

鉴别特征 雌体长 7.0~9.0 mm；前翅第 2 亚缘横脉、第 3 亚缘横脉及第 2 回脉均较第 1 亚缘横脉弱；体黑色；头、中胸盾片具弱蓝绿色金属光泽；头长为宽的 0.9~1.0 倍；唇基正中略凹；唇基上区强隆起，具细小刻点，刻点间具细纹、微闪光；上唇端突勺状；中胸盾片微闪光，正中具无规则的刻点，刻点间距为刻点直径的 0.3~3.5 倍，刻点间具细网纹；并胸腹节后截面侧脊强，伸达后截面顶端，具斜脊与横脊，斜脊短，长约为后截面顶部长的 1/5；背面呈半月形，两侧具斜纵纹，中央具不规则网纹，纹间光滑、闪光；中胸侧板粗糙、颗粒状；后躯第 1~3 背板中域具细小稀刻点；后躯第 2~3 背板具黄白色基毛斑；后足胫节内距细锯齿状，齿细小，约具 20 齿；雄体长 6.0~8.3 mm；体黑色；头、中躯具弱蓝绿色金属光泽；唇基端半部黄白色；触角第 2 鞭节分节长约为第 1 鞭节分节长的 2.0 倍；中胸盾片暗、微闪光，刻点密，刻点间具细网纹；中胸侧板具圆刻点，窝缝上区刻点稍稀，刻点间光滑、闪光；并胸腹节后截面侧脊不明显，背区两侧具斜纵纹，中央纵纹不达端缘，端缘革状；后躯第 5 腹板端缘深内凹，凹处呈梯形状，两侧缘具黄褐色羽状长毛；生殖突基节无腹后突，内侧近端部具一突；生殖刺突宽大、长，顶端圆。

a

拜访植物 无记录。

分　　布 湖北，四川，西藏（错那县、聂拉木县、吉隆县、定结县），福建，广东，台湾；德国，朝鲜，日本，俄罗斯。

f

g

隧蜂科 Halictidae

隧蜂科 Halictidae | 第二次青藏高原综合科学考察西藏蜜蜂类图鉴

l

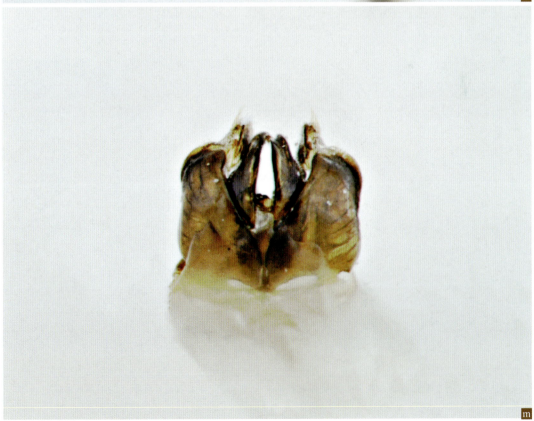

m

隧蜂科 Halictidae

第二次青藏高原综合科学考察西藏蜜蜂类图鉴

n

o

图105 a-g. 雌：a. 体侧面观，b. 体背面观，c. 后躯背面观，d. 头前面观，e. 翅，f. 上唇，g. 后足胫节内距；h-o. 雄：h. 体侧面观，i. 体背面观，j. 后躯背面观，k. 后躯腹面观，l. 头前面观，m. 生殖器背面观，n. 生殖器腹面观，o. 生殖器背侧面观。

Lasioglossum (*Evylaeus*) *sanitarium* (Blüthgen, 1926)

Halictus sanitarius Blüthgen, 1926: 612, ♀.

益康淡脉隧蜂

鉴别特征 雌体长 5.5～6.5 mm；前翅第 2 亚缘横脉、第 3 亚缘横脉及第 2 回脉均较第 1 亚缘横脉弱；体黑色；头、中胸盾片及中胸侧板具弱蓝绿色金属光泽；后躯背板暗褐色、无金属光泽；头宽略大于头长；唇基平，端半部略倾斜，具稀的圆刻点，刻点间距为刻点直径的 1.0～2.0 倍，刻点间颗粒状、微闪光，基半部刻点间具细网纹、微闪光；唇基上区略隆起，两侧刻点稀，中央近无刻点，刻点间具细网纹；中胸盾片正中刻点间距为刻点直径的 0.5～2.0 倍，刻点间具细网纹、闪光；小盾片具密的细圆刻点；中胸侧板具稀而浅的圆刻点，刻点间光滑、闪光；并胸腹节后截面侧脊较强，伸达后截面顶端；斜脊弱，沿后截面顶端向正中弯，长约后截面顶端长的 1/4，无横脊；并胸腹节背区半月形，与小盾片等长，约为后盾片长的 1.8 倍，背区基部两侧具稀而弱的斜皱，斜皱达背区边缘，背区正中亦具稀而细的斜皱，但皱纹不达背区边缘，皱纹间均具细网状纹、微闪光，并胸腹节后截面和侧面均具细网状纹；后躯第 1 背板光滑、无刻点和横纹，后躯第 2～4 背板具细横纹、无刻点；后足胫节内距栉状，具 3～4 齿。雄体长 6.0 mm；体黑色；头、中胸盾片具弱蓝绿色金属光泽；唇基完全黑色，端缘无黄横斑；后躯第 4 腹板具长而垂直于腹板表面的羽状毛簇；后躯第 5 腹板端缘两侧呈"八"字形向外侧撇开，撇开部具整齐的金黄色毛簇；后躯第 6 腹板正中向内凹，两侧隆起，端缘二分叉，叉的端部具小的金黄色毛簇。

拜访植物 无记录。

分　　布 西藏（墨脱县）；印度，尼泊尔。

a

隧蜂科 Halictidae | 第二次青藏高原综合科学考察西藏蜜蜂类图鉴

隧蜂科 Halictidae

h

i

隧蜂科 Halictidae

第二次青藏高原综合科学考察西藏蜜蜂类图鉴

图106 a-e.雌：a.体侧面观，b.体背面观，c.后躯背面观，d.头前面观，e.翅；f-k.雄：f.体侧面观，g.体背面观，h.后躯背面观，i.头前面观，j.后躯腹侧面观，k.后躯腹面观。

Lasioglossum (*Evylaeus*) *yamanei* Murao, Ebmer & Tadaucgi

Lasioglossum (*Evylaeus*) *yamanei* Murao, Ebmer & Tadaucgi, 2006: 46, ♀, ♂.

山根淡脉隧蜂

鉴别特征　雌体长 5.7~6.3 mm；前翅第 2 亚缘横脉、第 3 亚缘横脉及第 2 回脉均较第 1 亚缘横脉弱；体黑色；头、中躯具蓝绿色金属光泽；后躯背板黑色、无金属光泽；头长宽近相等；唇基扁平，端半部具斜刺状刻点，基半部具细小圆刻点，刻点间细网纹状、微闪光；唇基上区微隆起，具细小圆刻点，刻点间距为刻点直径的 0.5~2.0 倍，刻点间细网纹状、微闪光；额区、眼侧区刻点密集成网；中胸盾片中央刻点密，刻点直径为刻点间距的 0.5~1.5 倍；刻点间细网纹状、微闪光；小盾片刻点密集成网，似额区刻点；中胸侧板细纹状间具刻点，刻点浅、不明显，窝缝上区刻点稀，刻点间具细网纹；并胸腹节后截面侧脊明显，伸达后截面顶端，与斜脊相连；斜脊短，长约为后截面顶端长的 1/4，无横脊，后截面细网纹状；并胸腹节背区长约为后盾片长的 1.5 倍，具不伸达端缘的较为规则的斜纵纹，纹间具细网状纹、微闪光；后躯第 1 背板光滑，无细横纹；后躯第 2 背板中域具不明显的刻点，中域前后均具细横纹；后躯第 3、4 背板具细横纹；后足胫节内距栉状，具 3~4 齿。

拜访植物　蓼科 (Polygonaceae)、石竹科 (Caryophyllaceae)、十字花科 (Brassicaceae)、蔷薇科 (Rosaceae)、牻牛儿苗科 (Geraniaceae)、堇菜科 (Violaceae)、伞形科 (Apiaceae)、菊科 (Asteraceae)。

分　　布　西藏 *（墨脱县）；日本。

隧蜂科

Halictidae

第二次青藏高原综合科学考察西藏蜜蜂类图鉴

b

c

隧蜂科 Halictidae

d

e

303

图107 雌：a.体侧面观，b.体背面观，c.后躯背面观，d.头前面观，e.翅，f.并胸腹节背面观，g.后躯第1~3背板背面观。

分舌蜂科
Colletidae

Colletes bischoffi Noskiewicz, 1936

Colletes bischoffi Noskiewicz, 1936: 485, ♂.

毕氏分舌蜂　中国新记录种

鉴别特征　雌体长 8.5~11.0 mm；颚眼区长约为宽的 1/3；唇基刻点斜刺状，呈纵向排列；中胸盾片中域刻点圆而密，刻点间距为刻点直径的 0.2 倍；后躯第 1 背板中域刻点小而稀，刻点间距为刻点直径的 3.0~4.0 倍，端缘刻点较中域刻点密；后躯第 2 背板刻点较第 1 背板刻点密；颜面被暗黄褐色毛，夹有少量黑色毛；颊、中胸侧板被白色毛；中胸盾片、小盾片被黄褐色毛，夹有黑色毛；后躯第 1 背板前缘及前缘两侧被白色毛，中域具直立的黄褐色长毛，端缘两侧具白色毛斑；后躯第 2 背板基部及中域两侧具黄褐色毛；后躯第 2~5 背板具白色端毛带。雄体长 8.0~10.0 mm；颜面、中胸盾片、小盾片均被长而密的淡黄色毛，夹有少量黑色毛；颊具长而密的白色毛；颚眼区长宽近相等；后躯第 1 背板具直立稀疏的淡黄色长毛；后躯第 1~5 背板端缘具白色端毛带；后躯第 7 腹板短靴状；生殖刺突尖三角形；生殖器结构及后躯第 7 腹板结构如图 108 j-k 所示。

拜访植物　无记录。

分　　布　西藏*（普兰县）；印度。

a

f

g

分舌蜂科 Colletidae

h

i

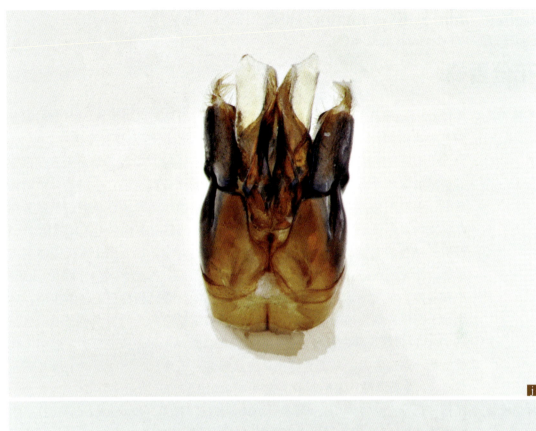

图108 a-e. 雌：a.体侧面观，b.中躯背面观，c.后躯背面观，d.头前面观，e.颊眼区；f-l.雄：f.体侧面观，g.体背面观，h.后躯背面观，i.头前面观，j.生殖器背面观，k.后躯第7腹板腹面观。

Colletes floralis Eversmann, 1852

Colletes floralis Eversmann, 1852: 46, ♀, ♂.

花分舌蜂

鉴别特征 雌体长 9.5～11.0 mm；颚眼区长约为宽的 2/3；唇基刻点斜刺状，呈纵向排列，唇基中央略凹；中胸盾片中域刻点大而稀，刻点间距为刻点直径的 2.0～5.0 倍，中胸盾片四周刻点密，刻点间距约为刻点直径的 0.2 倍；唇基及眼侧区下部被稀的淡黄色毛，眼侧区上部及头顶被密的淡黄褐色毛；中胸盾片被黄褐色毛，中域毛稀，夹有黑色毛；后躯第 1 背板前缘两侧被白色毛，中域具稀疏直立的白色长毛；后躯第 2 背板基部及中域两侧具黄褐色毛；后躯第 1～5 背板具白色端毛带；后躯第 1 背板端毛带中央变窄；后躯第 1 背板中域刻点极稀，端缘刻点密。雄体长 9.0～10.5 mm；颚眼区长略大于宽；颜面、头顶、中胸盾片、小盾片均被长的黄色毛，无黑色毛；颊具长而密的淡黄色毛；后躯第 1 背板前缘及前缘两侧具白色毛，中域具长而稀疏的灰白色长毛；后躯第 1～5 背板端缘具白色端毛带；后躯第 1 背板端毛带中央变窄；后躯第 7 腹板条状，端端膨大，基部具侧突；生殖刺突宽三角形，侧面观时上缘并不向背面弯；生殖器结构及后躯第 7 腹板结构如图 109 h-i 所示。

拜访植物 柽柳（*Tamarix chinensis*）、菊科（Asteraceae）、青菜（*Brassica chinensis*）、劲直黄芪（*Astragalus strictus*）、草木樨（*Melilotus officinalis*）。

分　　布 河北，青海，新疆，西藏（普兰县、札达县），广东，云南；西班牙，爱尔兰，英国，法国，挪威，瑞典，德国，瑞士，奥地利，意大利，芬兰，波兰，捷克，匈牙利，克罗地亚，希腊，土耳其，白俄罗斯，俄罗斯，格鲁吉亚，哈萨克斯坦，乌兹别克斯坦，吉尔吉斯斯坦，塔吉克斯坦，伊朗，蒙古，印度，日本。

a

分舌蜂科 Colletidae | 第二次青藏高原综合科学考察西藏蜜蜂类图鉴

h

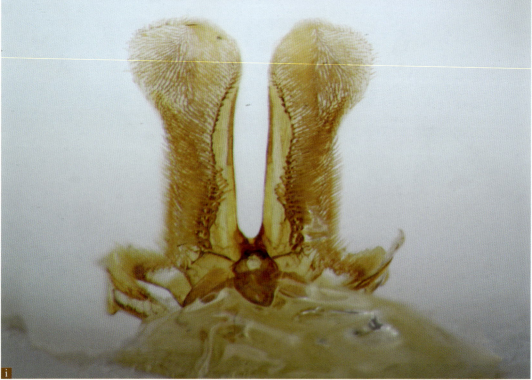

i

图 109 a-d. 雌：a. 体侧面观，b. 体背面观，c. 后躯背面观，d. 头前面观；e-i. 雄：e. 体侧面观，f. 后躯背面观，g. 头前面观，h. 生殖器侧面观，i. 后躯第 7 腹板腹面观。

Colletes harreri Kuhlmann, 2002

Colletes harreri Kuhlmann, 2002: 1162, ♀, ♂.

哈氏分舌蜂

鉴别特征 雌体长 10.0～11.0 mm；颚眼区长略大于宽；唇基刻点斜刺状，呈纵向排列，唇基中央略凹；中胸盾片中域刻点稀，刻点间距为刻点直径的 2.0～4.0 倍，中胸盾片四周刻点密，刻点间距约为刻点直径的 0.2 倍；唇基及眼侧区被稀的淡黄色毛；头顶被密的淡黄褐色毛，夹有黑色长毛；中胸盾片被淡黄色毛，中域毛稀，夹有黑色毛，四周毛密；颊区下部及中胸侧板被白色毛；后躯第 1 背板前缘两侧被白色毛，中域具极稀疏直立的白色长毛；后躯第 2～5 背板具白色端毛带；后躯第 1 背板端部两侧具白色毛斑；后躯第 1 背板刻点小而密，刻点间距约为刻点直径的 1.0 倍，端缘刻点更密。雄体长 9.0～10.5 mm；颚眼区长约为宽的 1.5 倍；颜面、头顶、中胸盾片、小盾片均被黄褐色长毛，夹有少量黑色毛；颊具长而密的淡黄色毛；后躯第 1 背板前缘及前缘两侧具白色毛，中域具长而稀疏的灰白色长毛；后躯第 2 背板中域具长而稀疏的灰白色长毛；后躯第 1～5 背板端缘具白色端毛带；后躯第 1 背板端毛带中央变窄；后躯第 7 腹板长片状，亚端部向外凸出；生殖刺突三角形，侧面观时上缘向背部弯；生殖器结构及后躯第 7 腹板结构如图 110 h-i 所示。

拜访植物 白三叶草（*Trifolium repens*）、柽柳（*Tamarix chinensis*）。

分　　布 西藏（米林县、加查县、聂拉木县、白朗县、吉隆县、定结县、定日县、仁布县、山南市乃东区、桑日县、康马县）；尼泊尔。

分舌蜂科 Colletidae

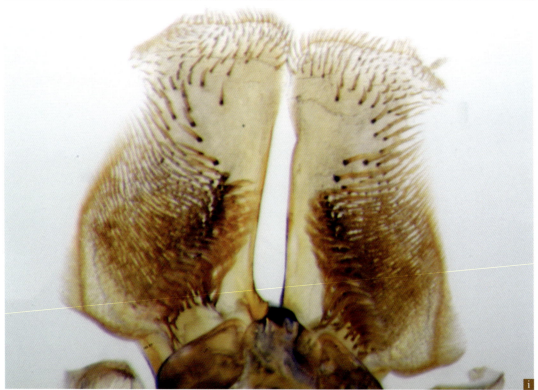

图110 a-e. 雌:a.体侧面观,b.体背面观,c.后躯背面观,d.头前面观,e.前翅;f-i. 雄:f.体侧面观,g.体背面观, h.生殖器侧面观,i.后躯第7腹板腹面观。

Colletes haubrugei Kuhlmann, 2002

Colletes haubrugei Kuhlmann, 2002: 1159, ♀, ♂.

欧布鲁日分舌蜂

鉴别特征　雌体长 7.0~9.0 mm；颚眼区长大于宽，长约为宽的 1.2 倍；唇基刻点斜刺状，呈纵向排列，唇基中央凹；中胸盾片中域光滑、无刻点，中胸盾片基半部刻点密，刻点间距约为刻点直径的 0.2 倍；小盾片光滑、无刻点，中域刻点稀，刻点间距为刻点直径的 1.5~4.0 倍，端缘刻点细密；唇基被稀的淡黄色毛；眼侧区、头顶、前胸盾片、前胸背突、中胸盾片、小盾片被密的暗黄色毛；中胸盾片及小盾片中域毛稀；颊区下部及中胸侧板被白色毛；后躯第 1 背板前缘及前缘两侧被白色毛；后躯第 1~5 背板具白色端毛带，后躯第 1 背板端毛带中央变窄；后躯第 2~5 背板端毛带宽、中央不变窄；后躯第 2 背板另具基毛带；后躯第 1 背板中域正中有一光滑无刻点区，两侧刻点小密，刻点间距为刻点直径的 0.2~1.0 倍，端缘刻点小而密。雄体长 7.0~9.0 mm；颚眼区长大于宽，长约为宽的 1.2 倍；唇基、眼侧区下部、颊区下部、中胸侧板密被白色长毛；眼侧区上部、触角窝周围、头顶、中胸盾片、小盾片被淡黄色长毛；后躯第 1 背板前缘及前缘两侧具白色毛，中域具长而稀疏的灰白色长毛；后躯第 1~5 背板具完整的白色端毛带；后躯第 5 腹板端缘两侧具长而弯的毛簇；生殖器侧面观时生殖刺突宽片状，近长方形；生殖器结构如图 111 i 所示。

拜访植物　小花棘豆（*Oxytropis glabra*）、劲直黄芪（*Astragalus strictus*）。

分　　布　四川，西藏（吉隆县、聂拉木县、普兰县、日土县、康马县、仲巴县、芒康县）。

a

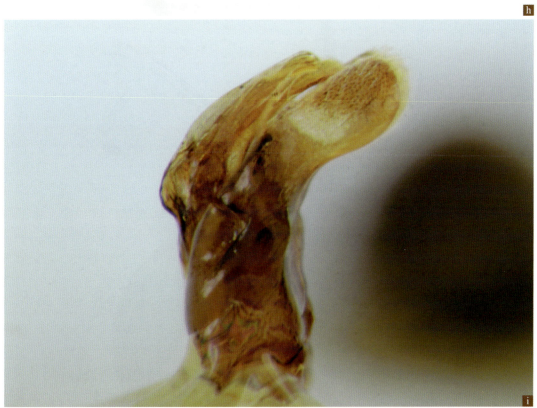

图111 a-c.雌：a.体侧面观，b.后躯背面观，c.前翅；d-i.雄：d.体侧面观，e.体背面观，f.头前面观，g.后躯背面观，h.后躯腹面观，i.生殖器侧面观。

Colletes hedini Kuhlmann, 2002

Colletes hedini Kuhlmann, 2002: 1164, ♀, ♂.

赫氏分舌蜂

鉴别特征 雌体长 7.0~8.0 mm；颚眼区长宽近相等；唇基中央微凹，具斜刺状刻点；中胸盾片四周刻点密，中域光滑、近无刻点，后躯第 1 背板中域刻点密，刻点间距约为刻点直径的 0.2~1.0 倍；颜面、头顶、中胸盾片、小盾片被暗淡黄色毛，无黑色毛；后躯第 1 背板前表面、基部两侧缘具白色毛；后躯第 1 背板端缘具白色毛斑；后躯第 2~4 背板端缘具白色毛带；后躯第 2 背板另具基毛带。雄体长 6.8~7.0 mm；颚眼区长约为宽的 2.0 倍；颜面、头顶、颊、中胸侧板均被白色毛；后躯第 1 背板被白色长毛，后躯第 2~6 背板被白色短毛；后躯第 7 腹板条状，两侧近乎平行；生殖刺突短宽，三角形，上缘向背部弯；生殖器结构及后躯第 7 腹板结构如图 112 f-g 所示。

拜访植物 小花棘豆（*Oxytropis glabra*）、斜茎黄芪（*Astragalus adsurgens*）。

分　　布 西藏（白朗县、吉隆县、定日县、定结县、米林县、措美县、聂拉木县、普兰县、日土县、仲巴县、萨嘎县、康马县、山南市乃东区、桑日县）。

a

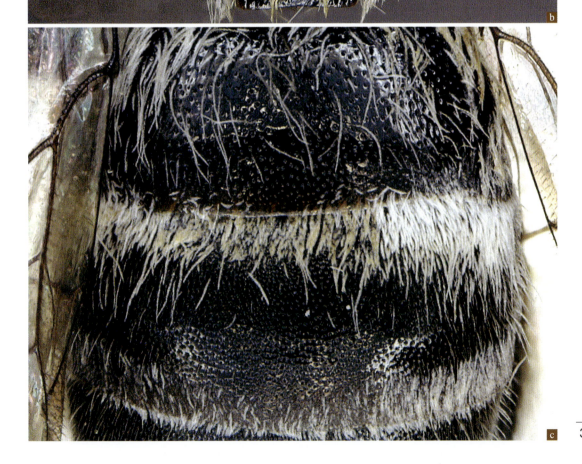

图112 a-c. 雌：a. 体侧面观，b. 头前面观，c. 后躯第1~2背板背面观；d-g. 雄：d. 头前面观，e. 后躯背面观，f. 生殖器侧面观，g. 后躯第7腹板背面观。

Colletes linzhiensis Niu, Zhu & Kuhlmann, 2014

Colletes linzhiensis Niu, Zhu & Kuhlmann, 2014: 463, ♀, ♂.

林芝分舌蜂

鉴别特征　雌体长 9.0~9.5mm；后躯背板具细密刻点及窄的端毛带；颚眼距短；唇基端缘具小窝；复眼内缘、头顶及中胸盾片密被黑色长毛；雄体长 8.0~8.5mm，头顶及中胸盾片密被黑色长毛；后躯第 7 腹板宽大、端缘平、外侧端角圆而非内切状；生殖器侧面观时生殖刺突宽、短。

拜访植物　柽柳（*Tamarix chinensis*）。

分　　布　西藏（林芝市巴宜区、米林县、波密县、察隅县）。

图113 a-e. 雌：a.体侧面观，b.头前面观，c.中胸盾片背面观，d.后躯背面观，e.后躯第1~2背板背面观；f-j. 雄：f.体侧面观，g.头侧面观，h.后躯第1~2背板面观，i.生殖器侧面观，j.后躯第7腹板背面观。

Colletes paratibeticus Kuhlmann, 2002

Colletes paratibeticus Kuhlmann, 2002 in Kuhlmann & Dorn, 2002, 104, ♀, ♂.

类西藏分舌蜂

鉴别特征 雌体长 7.5～8.0 mm；颚眼距与上颚基部近等长；触角窝周围具灰色毛，夹有黑色毛；头顶具黑色毛；中胸盾片被灰黄色毛，夹有大量黑色毛；后躯第 1 背板中域刻点稀疏，刻点间距为刻点直径的 2.3～3.0 倍；后躯第 1～5 背板具白色端毛带，但后躯第 1 背板的端毛带中央中断。雄体长 7.0～7.5 mm；颜面、头顶、中胸盾片被黄褐色毛，夹具大量黑色毛；后躯第 7 腹板近基部侧突宽于端部最宽处的 2.0 倍；生殖器侧面观时生殖刺突窄长；生殖器及后躯第 7 腹板结构如图 114 h-j 所示。

拜访植物 无记录。

分　　布 西藏（亚东县、吉隆县、八宿县）；尼泊尔。

c

d

g

h

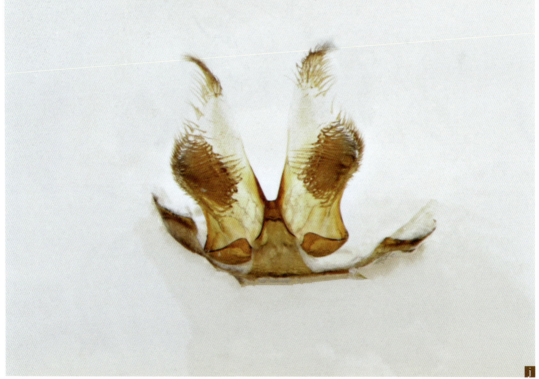

图114 a-d. 雌：a.体侧面观，b.体背面观，c.头前面观，d.后躯背面观；e-j. 雄：e.体背面观，f.后躯背面观，g.头前面观，h.生殖器背面观，i.生殖器侧面观，j.后躯第7腹板腹面观。

Colletes pseudolaevigena Kuhlmann, 2002

Colletes pseudolaevigena Kuhlmann, 2002: 1158, ♂.

拟拉埃弗雷纳分舌蜂

鉴别特征 雌体长 9.0~9.5 mm；颚眼距等于或略短于上颚基部宽；后躯第 1 背板端缘具大的白色侧毛斑；后躯第 1 背板前斜面具稀的直立白色长毛，侧面具密的直立白色长毛；后躯第 2 背板具白色基毛带；后躯第 2~5 背板端缘具窄的白色端毛带；后躯第 2 背板端毛带宽为外露第 2 背板的 1/5~1/4。雄体长 8.5~9.0 mm；头顶和中胸盾片毛黄褐色，无黑色毛；生殖器侧面观时生殖刺突短小，近三角形；后躯第 7 腹板端缘向内凹；生殖器及后躯第 7 腹板结构如图 115 i-j 所示。

拜访植物 斜茎黄芪（*Astragalus adsurgens*）、劲直黄芪（*Astragalus strictus*）。

分　　布 西藏（白朗县、定日县、聂拉木县、当雄县、康马县、曲水县、普兰县、萨嘎县、山南市乃东区）。

图115 a-d. 雌：a.体侧面观，b.体背面观，c.后躯背面观，d.头前面观；e-j. 雄：e.体侧面观，f.体背面观，g.后躯背面观，h.头前面观，i.生殖器背面观，j.后躯第7腹板腹面观。

Colletes sanctus Cockerell, 1910

Colletes sanctus Cockerell, 1910b: 241, ♀.

褐胸分舌蜂

鉴别特征 雌体长 10.0～12.0 mm；颚眼区长略短于宽；唇基中央微凹，具斜刺状刻点，端缘具两小窝；颜面、头顶及颊区被暗黄褐色毛；前胸盾片、前胸背突、中胸盾片、小盾片被棕褐色毛，无黑毛；后躯第 1 背板前表面及两侧缘被淡黄色毛；后躯第 1 背板中域被稀疏的暗黄色长毛；后躯第 2～5 背板被黑色短毛；后躯第 1 背板刻点间距为刻点直径的 1.0～1.5 倍，端缘刻点小而密。雄体长 9.5～10.0 mm；颚眼区长为宽的 1.5 倍；颜面、头顶、中胸盾片、小盾片均被暗淡黄色长毛；后躯第 1 背板前表面及两侧缘被淡黄色毛；后躯第 1～2 背板中域被稀疏的暗黄色长毛；后躯第 3～5 背板被黑色短毛；后躯第 1 背板中域刻点深而密，刻点间距为刻点直径的 0.2～0.5 倍；后躯第 7 腹板宽叉状，顶端向内凹；生殖刺突近梯形状；生殖器结构及后躯第 7 腹板结构如图 116 k-l 所示。

拜访植物 斜茎黄芪（*Astragalus adsurgens*）、劲直黄芪（*Astragalus strictus*）、小花棘豆（*Oxytropis glabra*）、瑞香狼毒（*Stellera chamaejasme*）。

分　　布 四川，西藏（白朗县、昂仁县、措美县、聂拉木县、吉隆县、定日县、仲巴县、尼木县、康马县、萨嘎县、普兰县、札达县、日土县、革吉县）；印度。

分舌蜂科 Colletidae

第二次青藏高原综合科学考察西藏蜜蜂类图鉴

f

346　g

347

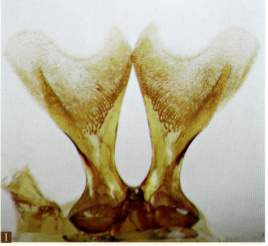

图116 a-f. 雌：a.生态照，b.体侧面观，c.体背面观，d.后躯背面观，e.头前面观，f.前翅；g-l. 雄：g.体侧面观，h.体背面观，i.后躯背面观，j.头前面观，k.生殖器侧面观，l.后躯第7腹板腹面观。

Colletes splendidus Ferrari, Niu & Zhu, 2021

Colletes splendidus Ferrari, Niu & Zhu, 2021: 29, ♀, ♂.

华丽分舌蜂

鉴别特征 雌体长 8.5～9.0 mm；颚眼区长约为上颚基部宽的 0.9 倍；唇基中央微凹；颜面、头顶及颊区被浅黄色毛；中胸盾片、小盾片被亮棕色毛，夹有黑色毛；后躯第 1 背板前表面及两侧缘被淡黄色毛；后躯第 1 背板中域被稀疏的淡黄色长毛；后躯第 2～5 背板被黑色短毛；后躯第 1 背板刻点间距为刻点直径的 1.0～1.5 倍。雄体长 8.0～8.5 mm；颚眼区长约为宽的 1.1 倍；颜面、头顶、中胸盾片、小盾片均被暗淡黄色长毛；后躯第 1 背板前表面及两侧缘被淡黄色毛；后躯第 1～2 背板中域被稀疏的暗黄色长毛；后躯第 1 背板中域刻点间距约为刻点直径的 1.0 倍；后足基跗节长约为宽的 3.8 倍；后躯第 7 腹板基部宽，向顶部变窄，顶端宽、平截状；侧面观时生殖刺突宽，上缘向背部弯；生殖器结构及后躯第 7 腹板结构如图 117 h-i 所示。

拜访植物 无记录。

分　　布 西藏（亚东县）。

图 117 a-b. 雌：a. 体侧面观，b. 头前面观；c-i. 雄：c. 体侧面观，d. 头前面观，e. 头侧面观，f. 后躯背面观，g. 后躯第 1～2 背板侧面观，h. 生殖器侧面观，i. 后躯第 7 腹板腹面观。

Colletes tibeticus Kuhlmann, 2002

Colletes tibeticus Kuhlmann, 2002: 1168, ♀, ♂.

西藏分舌蜂

鉴别特征 雌体长 9.0~10.0 mm；颚眼区长宽近相等；唇基中央微凹，具斜刺状刻点；唇基、颜侧下部及颊区被淡黄色毛；颜侧上部、头顶、中胸盾片及小盾片被黄褐色长毛，无黑色毛；中胸侧板被白色毛；后躯第 1 背板前表面及两侧缘被白色毛，中域被长的白色毛；后躯第 1 背板端缘具宽中断的白色毛带；后躯第 2~5 背板端缘具完整的白色毛带；后躯第 1 背板刻点浅而稀，中域刻点间距为刻点直径的 0.5~3.0 倍。雄体长 8.5~9.0 mm；颚眼区长略大于宽；唇基被白色长毛；额、头顶、中胸盾片及小盾片被暗黄褐色长毛，无黑色毛；后躯第 1~5 背板具稀的白色端毛带，另具长而稀的灰白色毛；后躯第 1 背板

端毛带宽中断；后躯第 1 背板刻点小、浅、稀；后躯第 7 腹板中部最宽处约为上端宽的 2.0 倍；生殖刺突宽三角形，上缘向背部弯；生殖器结构及后躯第 7 腹板结构如图 118 h-j 所示。

拜访植物 劲直黄芪（*Astragalus strictus*）。

分　　布 西藏（聂拉木县、亚东县、吉隆县、定日县、普兰县、康马县、仁布县），青海；尼泊尔。

分舌蜂科 Colletidae

图118 a-d.雌：a.体侧面观，b.体背面观，c.后躯背面观，d.头前面观；e-j.雄：e.体背面观，f.后躯背面观，g.头前面观，h.生殖器侧面观，i.生殖器背面观，j.后躯第7腹板腹面观。

Colletes tuberculatus Morawotz, 1893

Colletes tuberculatus Morawotz, 1893: 80, ♀, ♂.

瘤分舌蜂

鉴别特征 雌体长 7.0~9.0 mm；头前面观时头宽明显大于长；头顶近平直；颚眼距小于上颚基部宽的 1/2；中胸盾片前半部刻点密，中央光滑无刻点；唇基、眼侧区下部被密的白色毛；头顶被淡黄色毛，无黑色毛；后躯第 1 背板前侧面及背面两侧具直立的白色长毛，后躯第 1 背板端毛带中央略变窄；后躯第 2~5 背板端毛带完整、宽；后躯第 2 背板具基毛带；后躯第 1 背板中域刻点较稀，刻点间具为刻点直径的 2.0~3.5 倍，端缘刻点较中域刻点小、密。雄体长 6.5~7.5 mm；颚眼区长略短于宽；唇基、眼侧区下部密被白色毛；额、眼侧区上部、头顶、中胸盾片被暗灰白色毛；后躯第 1~6 背板端缘具白色的端毛带，毛带宽而完整；后躯第 7 腹板宽片状，顶端向内凹；生殖刺突细而尖；生殖器结构及后躯第 7 腹板结构如图 119 i-j 所示。

拜访植物 小花棘豆（*Oxytropis glabra*）。

分　　布 青海，西藏*（日土县）；埃及，意大利，以色列，保加利亚，希腊，土耳其，约旦，格鲁吉亚，哈萨克斯坦，乌兹别克斯坦，吉尔吉斯斯坦，土库曼斯坦，塔吉克斯坦，伊朗，巴基斯坦，乌克兰，俄罗斯。

e

f

g

h

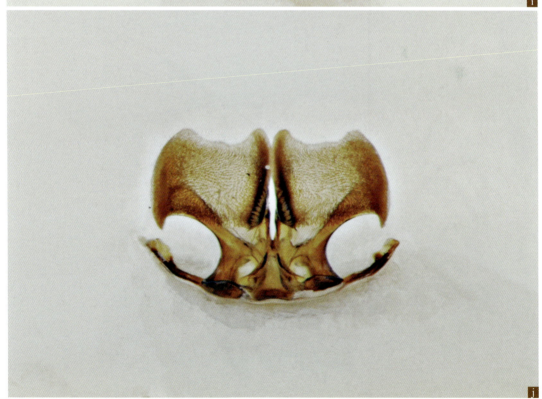

图119 a-d. 雌：a.体侧面观，b.体背面观，c.后躯背面观，d.头前面观；e-j.雄：e.体侧面观，f.体背面观，g.后躯背面观，h.头前面观，i.生殖器背面观，j.后躯第7腹板背面观。

Hylaeus karnaliensis Dathe, 2010

Hylaeus (*Lambdopsis*) *karnaliensis* Dathe, 2010: 58, ♀, ♂.

格尔纳利叶舌蜂 中国新记录种

鉴别特征　雌体长 7.5～10.0 mm；体黑色，无黄斑；颜窝明显，顶端超复眼上缘；中胸侧板革状，具稀而浅的刻点，刻点间距为刻点直径的 1.0～2.0 倍；中胸盾片刻点密，刻点间距为刻点直径的 0.5～1.0 倍；后躯第 1 背板光滑、闪光，无刻点；后躯第 1～2 背板端缘具稀的白色侧毛斑。雄体长 7.0～7.5 mm；体黑色，仅唇基具不规则黄斑，黄斑在个体间形状有变异；触角柄节前面观时向端部逐渐膨大，前表面具明显刻点，侧面观时柄节向内弯；颜窝细，顶端超复眼上缘；中胸侧板革状，具稀而浅的刻点；中胸盾片刻点密，刻点间距为刻点直径的 0.5～1.0 倍；后躯第 1 背板光滑、闪光，无刻点；后躯第 1～2 背板端缘具稀的白色侧毛斑；后躯第 7、8 腹板及外生殖器如图 120 i-k 所示。

拜访植物　无记录。

分　　布　西藏*（吉隆县、亚东县）；尼泊尔。

a

d

e

分舌蜂科 Colletidae

h

i

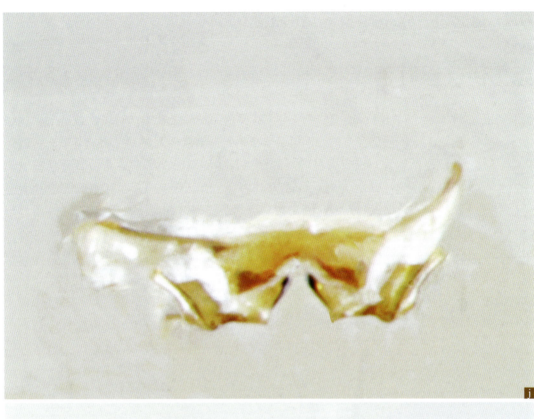

图120 a-d. 雌：a.体侧面观，b.体背面观，c.后躯背面观，d.头前面观；e-k.雄：e.体侧面观，f.后躯背面观，g.头前面观，h.头前面观，示上唇黄斑变异，i.后躯第8腹板侧面观，j.后躯第7腹板腹面观，k.生殖器背面观。

Hylaeus creutzburgi Dathe, 2010

Hylaeus (Patagiata) creutzburgi Dathe, 2010: 56, ♀, ♂.

克鲁伊茨堡叶舌蜂　　中国新记录种

鉴别特征　雄体长 5.7~6.4 mm；体黑色；唇基黄色；眼侧区具纵向黄斑，黄斑上缘达触角窝上缘；前足胫节前表面近基部 2/3 处具褐色椭圆斑；触角柄节前面观时向端部逐渐膨大，前表面具明显的刻点，侧面观时柄节向内弯；唇基具稀而浅的刻点，刻点间距为刻点直径的 1.0~2.5 倍，刻点间革状；中胸侧板具密而深的刻点，刻点间光滑、闪光，刻点间距约为刻点直径的 0.2 倍；中胸盾片刻点浅、稀，刻点间距为刻点直径的 0.5~1.0 倍，刻点间革状；后躯第 1 背板闪光，端部刻点稀，刻点间距约为刻点直径的 4~6 倍；后躯第 2 背板刻点较第 1 背板明显、密；后躯第 7、8 腹板及生殖器结构如图 121 e-g 所示。

拜访植物　无记录。

分　　布　西藏*（吉隆县）；尼泊尔。

a

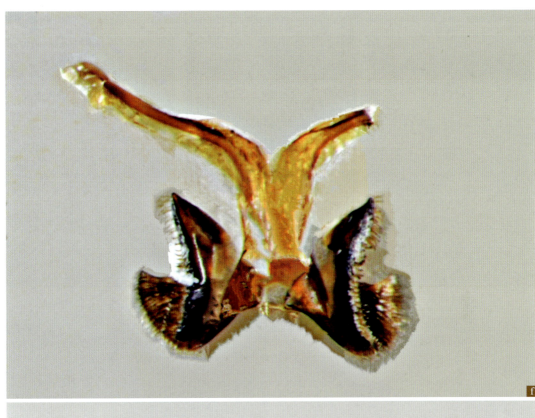

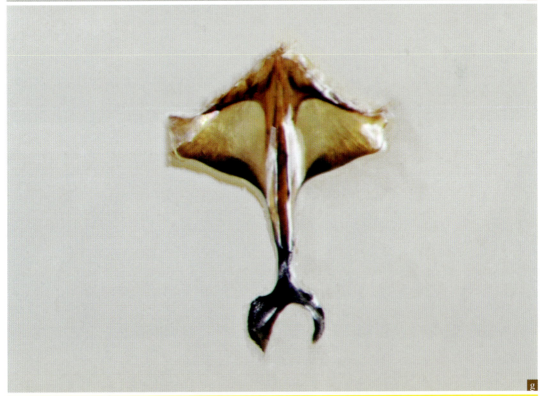

图121 雄：a.体侧面观，b.体背面观，c.后躯背面观，d.头前面观，e.生殖器背面观，f.后躯第7腹板腹面观，g.后躯第8腹板腹面观。

科考集锦（三）

蓝片采集法

巢管采集法

林冠马来氏网采集法

黄盘采集法

马来氏网采集法

捕虫网采集法

灯诱采集法

地蜂科
Andrenidae

第二次青藏高原综合科学考察
西藏蜜蜂类图鉴

Andrena (Cnemidandrena) krishidai Yasumatus, 1935

Andrena (Chlorandrena) krishidai Yasumatus, 1935: 42, ♀.

岸田地蜂

鉴别特征 雌体长 12.0~13.0 mm；触角柄节、梗节、鞭节分节第 1 节黑色；触角鞭节分节 2~10 节上表面黑色、下表面暗黄褐色；中胸盾片、小盾片、后胸盾片被黄褐色毛；并胸腹节及后躯第 1 背板被浅金黄色毛；后躯第 2~4 背板具浅黄色端毛带；后足胫节外侧上部毛刷黑褐色，下部毛刷浅黄色，内侧毛浅黄色；唇基扁平，基半部刻点密，刻点间革状，端半部刻点大而稀，刻点间光滑、闪光，中央具三角形平滑小区；上枕突端缘凹陷深，呈"U"形；中胸盾片基半部革状、无刻点，中央具稀刻点，刻点间革状；并胸腹节中央小区界限明显，基部及端部中央具皱褶，端部两侧革状；后躯背板革状、无刻点；唇基、颊区、中胸侧板被浅黄色毛；上唇端缘被金黄色毛；后躯第 2~3 背板被稀的黄褐色毛；后躯第 4 背板被黑毛；臀伞黑褐色。

拜访植物 唇形科（Lamiaceae）。

分　　布 北京，河北，甘肃，西藏（亚东县、察雅县、吉隆县），云南。

a

地蜂科 Andrenidae

图122 雌：a.体侧面观，b.体背面观，c.后躯背面观，d.头前面观，e.前翅。

Andrena (Cnemidandrena) latigena Wu, 1982

Andrena (Cnemidandrena) latigena Wu, 1982: 391, ♂.

宽颊地蜂

鉴别特征　雄体长 10.0～11.0 mm；颊宽大，侧面观时约为复眼宽的 2 倍，后缘圆；中胸盾片革状；并胸腹节革状，中央小区基部具少量纵皱；唇基、额、颊区的端半部均被黄褐色长毛；中胸盾片被黄褐色长毛，夹有黑色毛；复眼内侧、触角窝周围及颊的上部均被黑色毛；头顶被黑及黄褐色毛；后躯第 2～5 背板端缘具稀疏的黄褐色毛带；后躯第 3～5 背板密被黑色长毛。雌（新描记），体长 11.0～13.0 mm；颊宽大，侧面观时约为复眼宽的 2 倍，后缘圆；中胸盾片、小盾片、后盾片、并胸腹节及中胸侧板上部均被棕黄色长毛；唇基、额、触角窝周围、中胸侧板下部均被暗黄褐色毛；复眼内侧、颊区上部被黑色毛；头顶被黑色及黄褐色毛；后躯第 1 背板被稀疏的黄褐色毛，夹有黑色毛；后躯第 2～4 背板端缘具灰黑色毛带；后躯第 2～5 背板中域密被黑色长毛。

拜访植物　无记录。

分　　布　西藏（吉隆县、仁布县）。

a

图 123 雌：a.体侧面观，b.体背面观，c.后躯背面观，d.头前面观，e.前翅。

Andrena (Cnemidandrena) sublisterelle Wu, 1982

Andrena (Andrena) sublisterelle Wu, 1982: 388, ♀.

瘤唇地蜂

鉴别特征 雌体长 11.0~13.0 mm；体黑色；中胸盾片、小盾片及后盾片被褐色长毛；唇基刻点大而密；上唇枕突前缘凹陷深；触角第 1 鞭节分节长等于第 2+3 分节长；并胸腹节中央小区基部具细斜皱，两侧具斜皱；后躯背板革状；唇基、额、触角窝周围被浅黄色毛；颜侧、颜窝、头顶前缘被黑色毛；中胸侧板、并胸腹节两侧及后躯第 1 背板被浅黄色长毛；后躯第 2~4 背板端缘被长而稀的白毛带，背板中域被黑褐色毛；臀伞黑褐色；各足基节、转节、腿节被白色毛，胫节及基跗节被短而密的褐色毛；各足基跗节内表面毛刷金黄色。雄体长 10.0~12.0 mm；颊宽，侧面观宽约为复眼宽的 2.0 倍，颊后缘呈钝角状、边缘具稍隆起的脊；唇基刻点密，刻点间光滑、闪光；唇基被密的白色长毛；额、触角窝周围、颊区、中胸侧板被黄白色长毛；头顶被淡黄色毛；中胸盾片、小盾片被黄褐色长毛；后躯第 1~2 背板被稀疏的淡黄色长毛；后躯第 2~5 背板端缘具稀的白色长毛带；后躯第 3~5 背板中域具黑褐色毛；后躯第 2~4 腹板端缘具稀疏的白色长毛；后躯第 7、8 腹板及生殖器结构如图 124 i-k 所示。

拜访植物 欧洲油菜（*Brassica napus*）。

分　　布 内蒙古，湖北，甘肃，青海，新疆，西藏（八宿县、察隅县、聂拉木县、吉隆县、仁布县）。

a

地蜂科

Andrenidae

地蜂科 Andrenidae | 第二次青藏高原综合科学考察西藏蜜蜂类图鉴

h

i

图124 a-e. 雌：a. 体侧面观，b. 体背面观，c. 后躯背面观，d. 头前面观，e. 前翅；f-k. 雄：f. 体侧面观，g. 体背面观，h. 后躯背面观，i. 生殖器背面观，j. 后躯第7腹板腹面观，k. 后躯第8腹板腹面观。

Andrena (*Euandrena*) *ferghanica* Morawitz, 1876

Andrena ferghanica Morawitz, 1876 in Fedtschenko, 1876: 189, ♀.

绯地蜂

鉴别特征 雌体长 10.0~12.0 mm；体黑色；后躯第 1 背板端缘、第 2 背板（中央具一大黑斑）、第 3~4 背板及第 1~3 腹板红褐色；唇基光滑，刻点粗大而分散，中央及前缘刻点稀少；上唇突宽，前缘近平直；触角鞭节第 1 分节长于第 2+3 分节；上颚 2 齿；中胸盾片基部革状，中部光滑，具稀的刻点；小盾片刻点较中胸盾片中部刻点大而稀；并胸腹节中央小区皱褶状，后缘无横脊；后躯背板革状；唇基、额区及颊区均被灰黄色毛；足大部被灰黄色毛，后足胫节毛刷黑褐色。

拜访植物 唇形科（Lamiaceae）。

分　　布 西藏（吉隆县、聂拉木县）；伊朗，巴基斯坦，俄罗斯。

图 125 雌：a.体侧面观，b.体背面观，c.后躯背面观，d.头前面观，e.翅。

Andrena (Euandrena) ruficrus Nylander, 1848

Andrena ruficrus Nylander, 1848: 217, ♀, ♂.

金刷地蜂

鉴别特征 雌体长 9.0~10.0 mm；后足胫节黄褐色，具金黄色长羽状毛；唇基基部及两侧革状，中央光滑、闪光，具大的刻点；并胸腹节中央小区界限不明显，革状，基部纵皱不明显；后躯背板革状，无刻点；唇基、颜面触角窝以下、头顶、中胸侧板、中胸盾片、小盾片及后盾片被灰白色毛，夹有少量黑色毛；颜侧、颜面触角窝以上被黑色长毛；并胸腹节背侧面被白色长毛；后躯第 2~4 背板具白色端毛带；后躯第 1~2 背板被稀而长的浅黄色毛；后躯第 3~5 背板被稀的黑色短毛；臀伞黑褐色。雄体长 7.0~9.0 mm；唇基、触角窝以下、颊及中躯背板均被灰白色长毛，夹有少量黑色毛；颜侧及触角窝以上被黑色长毛，夹有少量白色毛；足被稀的灰白色毛；触角第 1 鞭节分节长等于第 2+3 分节的长。

拜访植物 无记录。

分　　布 西藏（吉隆县、聂拉木县）；欧洲，俄罗斯（远东地区）。

图126 雌：a.体侧面观，b.体背面观，c.后躯背面观，d.头前面观，e.翅。

Andrena (Euandrena) sichuana Xu & Tadauchi, 2012

Andrena (Euandrena) sichuana Xu & Tadauchi, 2012: 80, ♀, ♂.

四川地蜂

鉴别特征　雌体长 8.0~9.0 mm（个别体较大，体长达 12.0 mm）；触角鞭节下表面棕褐色；上颚端半部红棕色；后躯第 1~3 背板端缘棕黄色；后躯第 2 腹板、第 1 腹板及第 3~4 腹板端缘棕黄色；触角第 1 鞭节分节长约等于第 2+3 分节的长；唇基稍隆起，除基部及两侧缘革状外，其余部分具大的刻点，刻点间光滑、闪光；中胸盾片基部革状，中域具刻点，刻点间闪光；后躯背板革状，无刻点；并胸腹节粗糙，中央小区较明显，中央小区基部及两侧具皱纹，中央端部细颗粒状；唇基，额被暗黄色毛；颜侧、头顶、中胸盾片被暗黄色毛，夹有黑色毛；后躯第 2~4 背板端缘具稀疏的白色毛带；后躯第 1~2 背板中域具稀的黄白色短毛；后躯第 3~4 背板中域具黑色毛。雄体长 7.5~8.0 mm；似雌，但触角第 1 鞭节分节长大于宽，长于第 2 鞭节分节，但短于第 2+3 分节的长；后躯第 1~2 背板端缘棕黄色；后躯第 2 腹板棕黄色；后躯第 1 腹板及第 3 腹板的端缘棕黄色；唇基、颜侧被暗黄色毛，夹有大量的黑色毛；后躯第 7、8 腹板及生殖器结构如图 127 i-k 所示。

拜访植物　无记录。

分　布　四川，云南，西藏＊（亚东县、吉隆县）。

地蜂科 | Andrenidae

第二次青藏高原综合科学考察西藏蜜蜂类图鉴

地蜂科 Andrenidae

地蜂科 Andrenidae | 第二次青藏高原综合科学考察西藏蜜蜂类图鉴

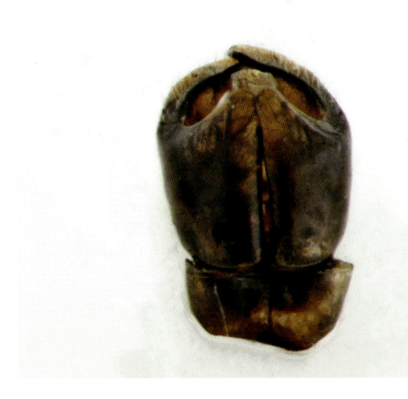

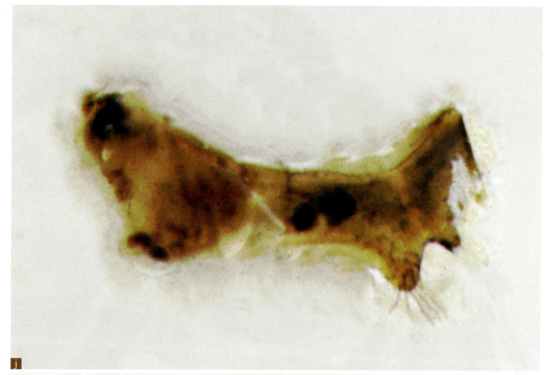

j

k

图127 a-e. 雌：a.体侧面观，b.体背面观，c.后躯背面观，d.头前面观，e.前翅；f-k.雄：f.体侧面观，g.后躯背面观，h.头前面观，i.生殖器背面观，j.后躯第7腹板腹面观，k.后躯第8腹板腹面观。

Andrena (Euandrena) tateyamana Tamasawa & Hirashima, 1984

Andrena (Euandrena) tateyamana Tamasawa & Hirashima, 1984: 103, ♀, ♂.

馆山地蜂

鉴别特征 雄体长 8.5～9.0 mm；唇基黑色；唇基刻点大而密，刻点间距约为刻点直径的 0.2 倍，刻点间光滑、闪光；中胸盾片刻点稀，刻点间距约为刻点直径的 1.0～2.0 倍，刻点间革状、不闪光；触角第 1 鞭节分节长大于宽，短于第 2+3 鞭节分节的长；侧单眼至头顶距离约等于侧单眼的直径；上颚正常，基部内缘无角状突；并胸腹节粗糙，背面中央三角区宽大，三角区基部具纵纹；后躯背板革状，无刻点，具细刻纹；后躯第 1～4 背板端缘透明、棕黄色；后躯第 2～4 背板端缘具稀的白色毛；后足胫节、基跗节黑色；生殖器及后躯第 7、8 腹板结构如图 128 f-h 所示。

拜访植物 莴苣属（*Lactuca* spp.）。

分　布 西藏*（波密县），黑龙江，吉林；日本。

地蜂科 Andrenidae

地蜂科 Andrenidae | 第二次青藏高原综合科学考察西藏蜜蜂类图鉴

e

f

地蜂科 Andrenidae | 第二次青藏高原综合科学考察西藏蜜蜂类图鉴

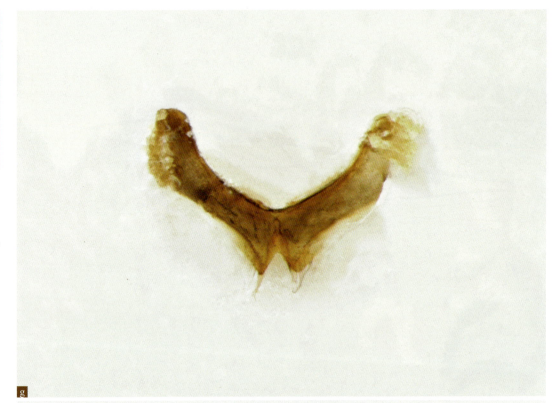

图128 雄：a.体侧面观，b.体背面观，c.后躯背面观，d.头前面观，e.翅，f.生殖器背面观，g.后躯第7腹板腹面观，h.后躯第8腹板腹面观。

Andrena (Melandrena) cineraria (Linnaeus, 1758)

Apis cineraria Linnaeus, 1758: 575, ♀.

爪叶菊地蜂

鉴别特征 雌体长 14.0～16.0 mm；中胸盾片后半部和小盾片被黑色毛；中胸盾片前半部、前胸背突、后胸盾片、中胸侧板上部前端、并胸腹节背面及侧面被白色毛；颊区、中胸背板上部后端及中胸侧板下半部、后躯背板及腹板、所有足均被黑色毛；后躯背板毛稀，无毛带，具稀而细小刻点；后躯背板具弱蓝色光泽；臀板小，"V"形。

拜访植物 芸薹（*Brassica rapa*）、韭菜（*Allium tuberosum*）、紫云英（*Astragalus sinicus*）、劲直黄芪（*Astragalus strictus*）、爪叶菊（*Senecio cruentus*）。

分　　布 内蒙古，甘肃，新疆，青海，西藏（普兰县）；欧洲，北非，蒙古，俄罗斯，伊朗，巴基斯坦，土库曼斯坦。

图129 雌：a.体侧面观，b.体背面观，c.后躯背面观，d.头前面观，e.前翅。

Andrena (Micrandrena) minutula (Kirby, 1802)
Melitta minutula Kirby, 1802: 161, ♀, ♂.

小地蜂

鉴别特征　雌体长 7.0~7.5 mm；前翅第 1 亚缘横脉靠近翅痣；中胸盾片具稀的刻点，基部刻点间革状，中域刻点间光滑、闪光；后躯第 1 背板光滑、闪光；后躯第 2~3 背板具白色的侧毛斑；后躯第 2~4 背板革状，无刻点，端缘具宽的横压；并胸腹节背区粗糙、颗粒状，中央小区界限不明显，基部具纵皱。雄体长 6.0~6.5 mm；前翅第 1 亚缘横脉靠近翅痣；中胸盾片具稀的刻点，基部刻点间革状，中域刻点间光滑、闪光；并胸腹节背区粗糙、颗粒状，中央小区界限较雌明显，基部具纵皱；后躯第 1 背板闪光，具稀的细小刻点；后躯第 2~3 背板具白色侧毛斑；后躯第 2~4 背板基部革状，无刻点，中部光滑，具稀的刻点，端缘具宽的横压。

拜访植物　伞形科（Apiaceae）。

分　　布　北京，吉林，辽宁，西藏（察雅县、吉隆县）；日本，欧洲中部和北部。

a

b

c

d

地蜂科 Andrenidae

第二次青藏高原综合科学考察西藏蜜蜂类图鉴

图130 a-e. 雌：a. 体侧面观，b. 体背面观，c. 后躯背面观，d. 头前面观，e. 前翅；f-j. 雄：f. 体侧面观，g. 体背面观，h. 后躯背面观，i. 头前面观，j. 前翅。

Andrena (Micrandrena) minutuloides Perkins, 1914
Andrena minutuloides Perkins, 1914: 114, ♀, ♂.

类小地蜂 中国新记录种

鉴别特征　雌体长 7.0~7.5 mm；前翅第 1 亚缘横脉靠近翅痣；中胸盾片具稀的刻点，刻点间革状、不闪光；后躯第 1 背板革状、不闪光；后躯第 2~3 背板具稀疏的白色毛，不形成明显的侧毛斑；后躯第 2~4 背板革状，无刻点，端缘具宽的横压；并胸腹节背区粗糙、颗粒状，中央小区界限不明显，基部具纵皱。雄体长 6.0~6.5 mm；前翅第 1 亚缘横脉靠近翅痣；中胸盾片具稀的刻点，刻点间革状、不闪光；并胸腹节背区粗糙、颗粒状，中央小区界限较雌明显，基部具纵皱；后躯第 1 背板闪光，具稀的细小刻点；后躯第 2~3 背板具稀疏的白毛；后躯第 2~4 背板基部革状，无刻点，中部光滑，具稀少而细小的刻点，端缘具宽的横压。

拜访植物　山楂（*Crataegus pinnatifida*）、峨参（*Anthriscus sylvestris*）、雏菊（*Bellis perennis*）。

分　　布　西藏*（波密县）；欧洲，摩洛哥，土耳其，格鲁吉亚，伊朗。

c

d

图131 a-e. 雌：a. 体侧面观，b. 体背面观，c. 后躯背面观，d. 头前面观，e. 前翅；f-j. 雄：f. 体侧面观，g. 体背面观，h. 后躯背面观，i. 头前面观，j. 翅。

Andrena (Oreomelissa) nigricula Wu, 2000

Andrena nigricula Wu, 2000 in Xu, Tadauchi & Wu, 2000: 46, replacement of *Andrena (Oreomelissa) nigra* Wu, 1982.

Andrena (Oreomelissa) nigra Wu, 1982: 386, ♀, ♂ (nec *Andrena nigra* Saunders, 1908).

黑地蜂

鉴别特征 雌体长 7.0~9.0 mm；后足腿节内表面具一列刺；唇基基半部及两侧革状，具稀刻点，中部光滑、闪光，具大而稀的刻点；颜窝黑色，与复眼间具一条有刻点的光滑条带；并胸腹节中央小区界限明显，革状，基部具少许纵皱；唇基、触角窝周围、颜侧被黑色毛；中胸盾片被稀的黑色短毛；后躯第 2~4 背板两侧具白色纤毛斑；后躯第 1 背板光滑，基部 2/3 具稀刻点，后躯第 2~4 背板端部具宽而明显的横压，刻点明显、稀疏。雄体长 6.0~7.0 mm；唇基白色，两侧具白色小三角形斑（有时小三角形斑缺失）；后躯第 7 腹板端缘突长而尖；后躯第 7、8 腹板及生殖器结构如图 132 j-l 所示。

拜访植物 欧洲油菜（*Brassica napus*），劲直黄芪（*Astragalus strictus*），光叶小檗（*Berberis lecomtei*）。

分　　布 陕西，四川，云南，西藏（亚东县、吉隆县、普兰县）。

地蜂科 Andrenidae | 第二次青藏高原综合科学考察西藏蜜蜂类图鉴

e

f

地蜂科 Andrenidae

地蜂科 Andrenidae | 第二次青藏高原综合科学考察西藏蜜蜂类图鉴

i

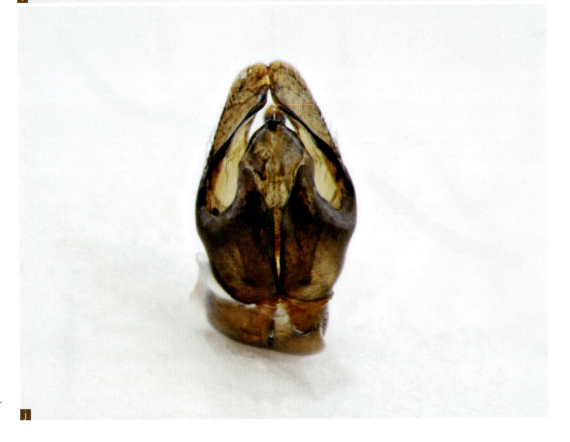

j

图132 a-e.雌：a.体侧面观，b.体背面观，c.后躯背面观，d.头前面观，e.前翅；f-l.雄：f.体侧面观，g.后躯背面观，h.头前面观，i.翅，j.生殖器背面观，k.后躯第7腹板腹面观，l.后躯第8腹板腹面观。

Andrena (*Oreomelissa*) *setofemoralis* Wu, 2000

Andrena setofemoralis Wu, 2000 in Xu, Tadauchi & Wu, 2000: 47, replacement of *Andrena* (*Oreomelissa*) *montata* Wu, 1982.

Andrena (*Oreomelissa*) *montata* Wu, 1982: 385, ♀, ♂ (nec *Andrena montata* Warncke, 1973).

刺腿地蜂

鉴别特征　雌体长 7.0~8.0 mm；后足腿节内表面具一列刺；体黑色；前翅第 1 回脉落于第 2 肘室近末端；头长宽近相等；唇基基半部革状，刻点稀而大；上唇枕突宽圆，中央稍凹陷；并胸腹节革状，基部具小纵皱；唇基、触角窝周围被暗黄褐色毛；后躯背板刻点细小、不明显；后躯第 2~4 背板端缘具白色毛斑。雄体长 6.0~7.0 mm；唇基及颜侧端部具浅黄白色斑；后躯第 7 腹板端缘突短而钝；生殖器及后躯第 7、8 腹板结构如图 133 j-l 所示。

拜访植物　菊科（Asteraceae）。

分　　布　四川，云南，青海，西藏（察雅县、错那县、吉隆县）。

地蜂科 Andrenidae | 第二次青藏高原综合科学考察西藏蜜蜂类图鉴

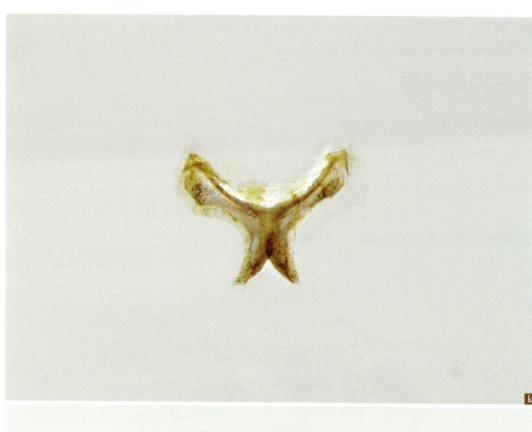

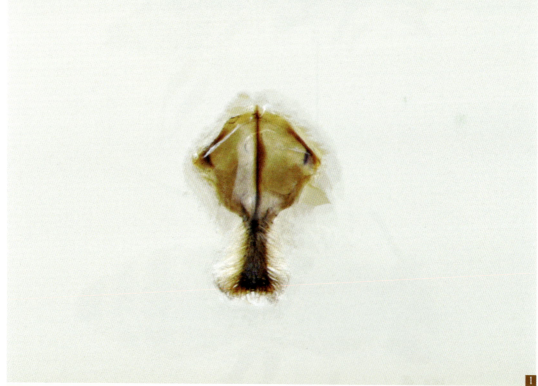

图133 a-e.雌:a.体侧面观,b.体背面观,c.后躯背面观,d.头前面观,e.翅;f-l.雄:f.体侧面观,g.体背面观,h.后躯背面观,i.头前面观,j.生殖器背面观,k.后躯第7腹板腹面观,l.后躯第8腹板腹面观。

Andrena (Plastandrena) eversmanni Radoszkowski, 1867

Andrena eversmanni Radoszkowski, 1867: 74, ♀, ♂.

埃弗斯曼地蜂

鉴别特征 雌体长 15.0～16.0 mm；后躯第 1～4 背板具宽的平躺的白色端毛带；后躯第 2～3 背板中域具直立的淡黄色短毛；并胸腹节三角区具弱皱纹，后缘具弱的横皱；唇基刻点密；颜窝宽，颜窝内具白色绒毛；颜面、头顶、颊区、中胸盾片、并胸腹节背侧面被白色毛；后躯背板具明显的刻点。雄体长 14.0～15.0 mm；似雌，但颜面、头顶、颊区、中胸盾片、并胸腹节背侧面体毛黄白色。

拜访植物 草木樨（*Melilotus officinalis*）。

分　　布 甘肃，西藏*（札达县）；中亚，蒙古。

c

d

图 134 a-e. 雌：a. 体侧面观，b. 体背面观，c. 后躯背面观，d. 头前面观，e. 前翅；f-j. 雄：f. 体侧面观，g. 体背面观，h. 后躯背面观，i. 头前面观，j. 前翅。

Andrena (Plastandrena) pilipes (Fabricius, 1781)
Apis pilipes Fabricius, 1781: 474, ♀.

多毛地蜂

鉴别特征　雌体长 14.0~16.0 mm；除颜面、颊区、前足腿节、后足腿节和胫节被白色毛外，体壁及体毛均黑色；并胸腹节三角区具弱皱纹，后缘具弱的横皱；颜窝宽，颜窝内仅下部具少的白色绒毛；后躯背板无毛带，具明显的刻点。雄体长 11.0~12.0 mm；后躯背板无毛带，具明显的刻点；并胸腹节三角区具弱皱纹，后缘具弱的横皱；唇基、触角窝周围、颜侧、颊区、中胸侧板、并胸腹节、后足、后躯背板毛黑色；头顶、中胸盾片暗黄褐色。

拜访植物 委陵菜属（*Potentill* spp.）、芸薹（*Brassica rapa*）、韭菜（*Allium tuberosum*）、草木樨（*Melilotus officinalis*）。

分　　布 北京，内蒙古，甘肃，新疆，青海，西藏*（札达县）；中亚，欧洲，北非，蒙古，巴基斯坦。

c

d

g

h

图135 a-e.雌：a.体侧面观，b.体背面观，c.后躯背面观，d.头前面观，e.前翅；f-j.雄：f.体侧面观，g.体背面观，h.后躯背面观，i.头前面观，j.前翅。

Andrena (Plastandrena) transbaicalica Popov, 1949

Andrena transbaicalica Popov, 1949: 398, ♀.

横贝加尔地蜂

鉴别特征 雌体长 14.0~16.0 mm；颜面、颊区、中胸盾片、中胸侧板，并胸腹节背侧面、前足转节及腿节、后足转节、腿节及胫节具白毛；后躯第 2~4 背板具小的白色侧毛斑；后躯第 5 背板端毛带中间黑色，两侧具白色长毛；并胸腹节三角区具弱皱纹，后缘具弱的横皱；后躯背板具明显的刻点。

拜访植物 草木樨（*Melilotus officinalis*）、蒲公英属（*Taraxacum* spp.）。

分　　布 黑龙江，西藏*（札达县）；日本，韩国，俄罗斯。

a

b

c

d

图 136 雌：a. 体侧面观，b. 体背面观，c. 头前面观，d. 前翅。

Andrena (Simandrena) combinata (Christ, 1791)

Apis combinata Christ, 1791: 187, ♀.

联地蜂

鉴别特征 雌体长 8.0~10.0 mm；唇基密被刻点，无中央平滑纵纹；颜面、头顶、中胸盾片、并胸腹节背侧面被浅黄褐色毛；并胸腹节中央小躯界限不明显，革状；臀伞浅黄褐色，两侧具白色毛；后躯第 2~4 背板具完整的白色端毛带；后足胫节黄褐色，具黄白色长毛。

拜访植物 伞形科（Apiaceae）、草木樨（*Melilotus officinalis*）。

分　　布 西藏（札达县）；欧洲，北非，中亚，俄罗斯。

图137 雌：a.体侧面观，b.体背面观，c.头前面观，d.前翅。

Andrena (Tranchandrena) bentoni Cockerell, 1917

Andrena bentoni Cockerell, 1917: 285, ♀.

水苏地蜂

鉴别特征 雌体长 8.0～12.0 mm；体黑色；唇基、触角窝周围、颊区中部和下部被灰黄色毛；触角窝以上至头顶、颊区的上部被稀的黑色毛；中胸盾片被灰黄色毛，中央夹有少量黑褐色毛；中胸侧板、并胸腹节两侧、后躯第1背板、各转节和腿节被灰黄色长毛（后躯第1背板毛有时脱落）；前足及中足胫节外侧被褐色短毛；后足胫节被金黄色毛；后躯第2～4背板被稀的黑色毛，端缘具白色毛带；臀伞黑褐色；唇基闪光，刻点粗大、较均匀；并胸腹节中央小区界限较明显，基部具纵皱；后躯第1背板刻点稀，后躯第2～4背板刻点较第1背板刻点细密。雄体长 7.0～10.0 mm；体黑色，体被灰黄色毛，唇基及颜侧毛长而密；后躯第1背板被稀的白毛；后躯第2～4背板具白色端毛带；生殖刺突顶端外侧具缺刻；生殖器及后躯第7、8腹板结构如图138 n-p 所示。

拜访植物 菊科（Asteraceae）、百合科（Liliaceae）、光叶小檗（*Berberis lecomtei*）。

分　　布 西藏（亚东县、吉隆县）；印度，巴基斯坦。

e

f

地蜂科
Andrenidae

地蜂科 Andrenidae

第二次青藏高原综合科学考察西藏蜜蜂类图鉴

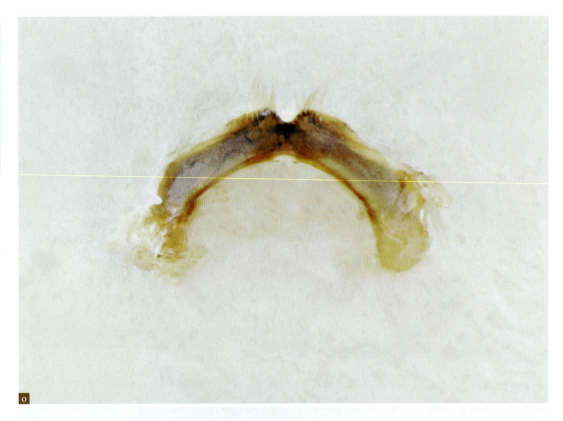

o

p

图138 a-i. 雌：a-d. 生态照，e. 体侧面观，f. 体背面观，g. 后躯背面观，h. 头前面观，i. 前翅；j-p. 雄：j. 体侧面观，k. 体背面观，l. 后躯背面观，m. 头前面观，n. 生殖器背面观，o. 后躯第7腹板腹面观，p. 后躯第8腹板腹面观。

Andrena (*Truncandrena*) *albopicta* Radoszkowski, 1874

Andrena albopicta Radoszkowski, 1874: 192, ♀.

白唇地蜂

鉴别特征 雌体长 11.0～12.0 mm；并胸腹节中央小区具细的纵皱；唇基、颜侧、颊区、头顶、中胸侧板、并胸腹节两侧、后躯第 3～4 背板及足均被黑色长毛；中胸盾片、并胸腹节背面被灰褐色长毛；后足基跗节内侧被金黄色毛；后躯背板革状。雄体长 9.0～10.0 mm；唇基乳白色，唇基前缘及中央两小斑黑色；触角鞭节分节第 1 节长等于第 2+3 分节的长；触角第 2 鞭节分节近方形；唇基、颜面下部密被长白毛；颜侧、颊区上半部密被黑色毛；头顶、中胸盾片被白色毛，夹有少量黑色毛；并胸腹节两侧被黑色毛；后足基跗节内侧毛金黄色；生殖器及后躯第 7、8 腹板结构如图 139 g-i 所示。

拜访植物 菊科（Asteraceae）。

分　　布 西藏（察雅县、类乌齐县、札达县、山南市乃东区）；伊拉克，伊朗，亚美尼亚，阿塞拜疆，俄罗斯。

a

地蜂科 Andrenidae

f

g

图 139 雄：a. 体侧面观，b. 头前面观，c. 头侧面观，d. 后躯背面观，e. 并胸腹节背侧面观，f. 前翅，g. 生殖器背面观，h. 后躯第 7 腹板腹面观，i. 后躯第 8 腹板腹面观。

参考文献

范建国, EBMER A W. 中国胫淡脉隧蜂亚属九新种（膜翅目：蜜蜂总科：隧蜂科）[J]. 昆虫学报, 1992, 35（2）: 234-240.

吴燕如. 中国回条蜂属及长足条蜂属的新种记述（蜜蜂总科, 蜜蜂科）[J]. 昆虫学报, 1979, 22（3）: 343-348.

吴燕如. 膜翅目：蜜蜂总科 [M]// 黄复生. 西藏昆虫（第二册）. 北京：科学出版社, 1982: 379-426.

吴燕如. 中国拟隧蜂属的研究及三新种记述（隧蜂科：杜隧蜂亚科）[J]. 动物学集刊, 1987, 5: 187-201.

ASTAFUROVA Y V. Geographical distribution of the halictid bees subfamilies Rophitinae and Nominae (Hymenoptera, Halictidae) in the Palaearctic region[J]. Entomologicheskoe Obozrenie, 2012, 91（3）: 604-623.

BAKER D B. New Melectini from western China (Hymenoptera: Apoidea, Anthophoridae) [J]. Entomologist's Gazette, 1997, 48（4）: 245-256.

BINGHAM C T. The fauna of British India including Ceylon and Burma, Hymenoptera, vol.I. wasps and bees[M]. London: Taylor and Francis, 1897: 577.

BINGHAM C T. On some new species of Indian Hymenoptera[J]. Journal of Bombay Natural History Society, 1898, 12: 115-129.

BLÜTHGEN P. Beiträge zur Systematik der Bienengattung *Sphecodes* Latr. II[J]. Deutsche Entomologische Zeitschrift, 1924: 457-516.

BLÜTHGEN P. Beiträge zur Kenntnis der indo-malayischen *Halictus*- und *Thrinchostoma*-Arten (Hym. Apidae. Halictini) [J]. Zoologische Jahrbücher, Abteilung für Systematik, Geographie und Biologie der Tiere, 1926, 51（4/6）: 375-698.

BLÜTHGEN P. Schwedisch-chinesische wissenschaftliche Expedition nach den nordwestlichen Provinzen Chinas unter Leitung von Dr. Sven Hedin und Prof. Sü Ping-chang: Insekten, gesammelt vom schwedischen Arzt der Expedition. Dr. David Hummel 1927-1930. 27. Hymenoptera. 5. *Halictus*- und *Sphecodes*-Arten (Hym.; Apidae; Halictini) [J]. Arkiv för Zoologi, 1934, 27A（13）: 1-23.

BLÜTHGEN P. Beiträge zur Kenntnis der Bienengattung *Halictus* Latr. III[J]. Mitteilungen aus dem Zoologischen Museum in Berlin, 1931, 17（3）: 319-398.

BLÜTHGEN P. Neue paläarktische Binden-*Halictus* (Hym. Apidae) [J]. Mitteilungen aus den Zoologischen Museum in Berlin, 1936, 21（2）: 270-313.

BROOKS R W. Systematics and phylogeny of the anthophorine bees (Hymenoptera: Anthophoridae: Anthophorini) [J]. University of Kansas Science Bulletin, 1988, 53: 436-575.

CAMERON P. Hymenoptera orientalia, or contributions to a knowledge of the Hymenoptera of the oriental zoological region. part V[J]. Memoirs and Proceedings of the Manchester Literary and Philosophical Society,

1897, 41 (4): 87-144.

CHRIST J L. Naturgeschichte, Klassification und Nomenclatur der Insekten vom Bienen, Wespen und Ameisengeschlecht[M]. Frankfurt: Main, Herrmann, 1791: 535.

COCKERELL T D A. Descriptions and records of bees-XXVIII[J]. Annals and Magazine of Natural History, 1910a, (8) 5: 409-419.

COCKERELL T D A. Some bees from high altitudes in the Himalaya Mountains[J]. Entomologist, 1910b, 43: 238-242.

COCKERELL T D A. Descriptions and records of bees-XXXVI[J]. Annals and Magazine of Natural History, 1911a, (8) 7: 485-493.

COCKERELL T D A. Bees from the Himalaya Mountains[J]. Entomologist, 1911b, 44: 176-177.

COCKERELL T D A. Bees in the collection of the United States National Museum-2[J]. Proceedings of the United States National Museum, 1911c, 40 (1818): 241-264.

COCKERELL T D A. Descriptions and records of bees-LXXIV[J]. Annals and Magazine of Natural History, 1917, (8) 19: 282-291.

COCKERELL T D A. Descriptions and records of bees-LXXXV[J]. Annals and Magazine of Natural History, 1919, (9) 3: 240-250.

COCKERELL T D A. Bees in the collection of the United States National Museum-4[J]. Proceedings of the United States National Museum, 1922, 60: 1-20.

COSTA A. Nuovi studii sulla entomologia della Calabria ulteriore[J]. Atti dell'Accademia Nazionale di Scienze Fisiche e Matematiche di Napoli, 1863, 1 (2): 1-80.

DATHE H H. Studien zur systematik und taxonomie der gattung *Hylaeus* F. (6). Arten asiatischer hochgebirge und anmerkungen zu weiteren asiatischen arten (Hymenoptera, Anthophila, Colletidae) [J]. Linzer Biologische Beiträge, 2010, 2 (1): 43-80.

EBMER A W. *Halictus*, *Lasioglossum*, *Rophites* und *Systropha* aus dem Iran (Halictidae, Apoidea) sowie neue Arten aus der Paläarktis[J]. Linzer Biologische Beiträge, 1978, 10 (1): 1-109.

EBMER A W. Asiatische Halictidae-7. Neue *Lasioglossum*-Arten mit einer Übersicht der *Lasioglossum* s. str.-Arten der nepalischen und yunnanischen Subregion, sowie des nördlichen Zentral-China (Insecta: Hymenoptera: Apoidea: Halictidae: Halictinae) [J]. Linzer biologische Beiträge, 1998, 30 (1): 365-430.

EVERSMANN E. Fauna Hymenopterologica Volgo-Uralensis[J]. Bulletin de la Imperiale Society d'Naturalistes de Moscou, 1852, 25 (2): 1-137.

FABRICIUS J C. Species insectorum exhibentes eorum differentias specificas, Synonymya auctorum, loca natalia, metamorphosin adiectis observationibus, descriptionibus. T. 1[M]. Bohn: Hamburgi & Kilonii, 1781: 552.

FABRICIUS J C. Mantissa Insectorum sistens eorum species nuper detectas adiectis characteribus genericis, differentiis, specificis, emendationibus. T. 1[M]. Hafniae: Proft, 1787: 348.

FABRICIUS J C. Entomologia systematica emendata et aucta. Secundum classes, ordines, genera, species adjectis synonimis, locis observationibus, descriptionibus. T. 2[M]. Hafniae: Proft, 1793: 519.

FEDTSCHENKO A P. Descriptions of new species of the genus *Anthophora*[M]// MORAWITZ F F.A travel to Turkestan by the member-founder of the society A. P. Fedtschenko accomplished from the imperial society of naturalists, anthropologists, and etnographists on a commission from the general-governor of Turkestan K. P. von Kaufmann. Moscow: Izvestiya Imp. Obshch. Ljubit. Estestvozn, 1875: 10-44.

FERRARI R R, NIU Z Q, KUHLMANN M, et al. The cellophane bees of *Colletes* Latreille (Hymenoptera: Colletidae) from Xizang (Tibet), China[J]. Zootaxa, 2021, 5022 (1): 1-72.

FRIESE H. Neue oder wenig bekannte Hummeln des russischen Reiches（Hymenoptera）[J]. Ezhegodnik Zoologicheskago muzeya，1905，9：507-523.

FRIESE H. Anhang zur：Bienenfauna von Java[J]. Tijdschrift voor Entomologie，1914，57：14-61.

FRIESE H. Über Hummelformen aus dem Himalaja[J]. Deutsche Entomologische Zeitschrift，1918：81-86.

FRISON T H. Records and descriptions of *Bremus* from Asia[J]. Records of the Indian Museum，1935，37：339-363.

HIRASHIMA Y. Some asian species of *Austronomia*，a subgenus of *Nomia*，with descriptions of three new species from Sri Lanka（Hymenoptera，Halictidae）[J]. ESAKIA，1978，12：89-101.

ILLIGER K. William Kirby's Familien der Bienenartigen Insekten mit Zusätzen，Nachweisungen und Bemerkungen[J]. Magazin für Insektenkunde，1806，5：28-175.

KUHLMANN M. Neue Arten der Bienengattung *Colletes* LATR. aus Südtibet mit Beschreibung der Route der Deutschen Tibet Expedition Ernst Schäfer 1938/39（Hymenoptera：Apidae：Colletinae）[J]. Linzer biologische Beiträge，2002，34（2）：1155-1178.

KUHLMANN M，DORN M. Die Bienengattung *Colletes* Latreille 1802 in der Monglei sowie Beschreibungen neuer Arten aus Sibirien und den Gebirgen Zentralasiens[J]. Beitrage zur Entomologie，2002，52（1）：85-109.

KIRBY W. Monograpliia apuni aiigliac. vol. 2[M]. Ipswich：White，1802，388+ 18 pis.

LINNAEUS C. Systema naturae. vol. 1 [M]. ed.10. Holmiae：Salvii，1758：824.

LINNAEUS C. Fauna svecica sistens ammalia svecia regni：Mammalia，Aves，Amphibia，Pisces，Insecta，Vermes，Distributa per classes and ordines，genera and species，cum differentiis specierum，Synonymyis auctorum，no minibus incolarum，locis natalium，descriptionibus insectorum. Altera editio[M]. ed.2. Stockholmiae：Laurentii Salvii，1761：1-578.

LEPELETIER de SAINT-FARGEAU A L M. Histoire naturelle des insectes-hyménoptères. vol. 2[M]. Paris：Roret，1841：1-680.

MEADE-WALDO G. Notes on the Apidae（Hymenoptera）in the collection of the British Museum，with descriptions of new species[J]. Annals and Magazine of Natural History，1912，59（10）：461-478.

MICHENER C D. The bees of the world[M]. 2ed. Baltimore and London：The Johns Hopkins University Press，2007：953.

MORAWITZ F. Bemerkungen über einige vom Prof. Eversmann beschriebene Andrenidae，nebst Zusätzen[J]. Horae Societatis Entomologicae Rossicae，1866，4（1）：3-28.

MORAWITZ F. Neue suedrussische Bienen[J]. Horae Societatis Entomologicae Rossicae，1872，9（1）：45-62.

MORAWITZ F. Die Bienen Daghestans[J]. Horae Societatis Entomologicae Rossicae，1874，10（2-4）：129-189.

MORAWITZ F. Bees（Mellifera）.II. Andrenidae[M]//MORAWITZ F F. A travel to Turkestan by the member-founder of the society A. P. Fedtschenko accomplished from the imperial society of naturalists，anthropologists，and etnographists on a commission from the general-governor of Turkestan K. P. von Kaufmann. Moscow，1876：161-303.

MORAWITZ F. Die russischen *Bombus*-Arten in der Sammlung der Kaiserlichen academic der Wissenschaften[J]. Izvêstiya Imperatorskoi akademii nauk，1881，27：213-265.

MORAWITZ F. Neue russisch-asiatische *Bombus*-Arten[J]. Trudy Russkago éntomologicheskago obshchestva，1883，17：235-245.

MORAWITZ F. Insecta in itinere cl. N. Przewalskii in Asia centrali novissime lecta.I. Apidae[J]. Horae Societatis Entomologicae Rossicae，1887，20（1886）：195-229.

MORAWITZ F. Supplement zur Bienenfauna Turkestans[J]. Horae Societatis Entomologicae Rossicae, 1893, 28 (1/2): 3-87.

MOORE F, WALKER F, SMITH F. Descriptions of some new insects collected by Dr. Anderson during the expedition to Yunnan[J]. Proceeding of the Zoological Society of London, 1871: 244-249.

MURAO R, EBMER A W, TADAUCHI O. Three new species of the subgenus *Evylaeus* of the genus *Lasioglossum* from Eastern Asia (Hymenoptera, Halictidae) [J]. ESAKIA, 2006, 46: 35-51.

NIU Z Q, ZHU C D, KUHLMANN M. The bees of the genus *Colletes* (Hymenoptera: Apoidea: Colletidae) from China[J]. Zootaxa, 2014, 3856 (4): 451-483.

NIU Z Q, YUAN F, ASCHER J S, et al. Bees of the genus *Anthidium* Fabricius, 1804 (Hymenoptera: Apoidea: Megachilidae: Anthidiini) from China[J]. Zootaxa, 2020, 4867 (1): 1-67.

NOSKIEWICZ J. Die palaarktischen *Colletes*-Arten[M]. Lwow: Wydawnictwo Towarzystwa Naukowego we Lwowie, 1936, 3 (2): 532.

NURSE C G. New species of Indian Hymenoptera[J]. Journal of the Asiatic Society of Bengal, 1901, 70 (2): 146-154.

NYLANDER W. Adnotationes in Expositionem Monographicam Apum Borealium[J]. Notiser ur Sällskapets pro Fauna et Flora Fennica Förhandlingar, 1848, 1: 165-282.

PANZER G W F. Faunae insectorum Germanicae initia oder Deutschlands Insecten[M]. Nürnberg: Felssecker, 1798: I-XIV.

PERKINS R C L. Synopsis of the British forms of the *Andrena minutula* group[J]. Entomologist's Monthly Magazine, 1914, 25 (2): 71-115.

POPOV V B. The subgenus *Plastandrena* HEDICKE [of the genus *Andrena*] and its new forms (Hymenoptera, Apoidea) [J]. Entomologicheskoe Obozrenie, 1949, 30 (3/4): 389-404.

POPOV V B. New species of the genera *Dufourea* and *Halictoides* from Eastern Asia (Hymenoptera, Halictidae) [J]. Entomologicheskoe Obozrenie, 1959, 38 (1): 225-237.

RADOSZKOWSKI O. Matériaux pour servir à l'étude des insectes de la Russie. IV. Notes sur quelques Hyménoptères de la tribu des Apides[J]. Horae Societatis Entomologicae Rossicae, 1867, 5 (3): 73-90.

RADOSZKOWSKI O. Matériaux pour servir à une faune hyménoptèrologique de la Russie[J]. Horae Societatis Entomologicae Rossicae, 1874, 10 (2/4): 190-195.

RADOSZKOWSKI O. Revue des armures copulatrices des mâles des genre: *Crocisa* Jur., *Melecta* Lat., *Pseudomelecta* Rad., *Chrysantheda* Pert., *Mesocheira* Lep., *Aglae* Lep., *Melissa* Smith, *Euglossa* Lat., *Eulema* Lep., *Acanthopus* Klug[J]. Bulletin de la Société Imperiale des Naturalistes de Moscou n.s.t., 1893, 7: 163-188.

RICHARDS O W. Some new species and varieties of oriental bumble-bees (Hym., Bombidae) [J]. Stylops, 1934, 3: 87-90.

SAKAGAMI S F, MUNAKATA M. *Lasioglossum blakistoni* sp. nov., the northernmost representative of the palaeotropic subgenus *Ctenonomia* (Insecta, Hymenoptera, Halictidae) [J]. Zoogical Science, 1990, 7: 985-987.

SCHRANK F. Enumeratio insectorum Austriae indigenorum[M]. Augustae Vindelicorum: E. Klett & Frank, 1781: 548.

SHIOKAWA M. Synopsis of the bee genus *Ceratina* (Insecta: Hymenoptera: Apidae) in Nepal, with descriptions of five new species and one new subspecies[J]. Species Diversity, 2008, 13 (4): 201-220.

SKORIKOV A S. Neue Hummelformen (Hymenoptera, Bombidae) -IV[J]. Russkoe éntomologicheskoe Obozrênie, 1912, 12: 606-610.

SKORIKOV A S. Zur Hummelfauna Japans und seiner Nachbarländer[J]. Mushi, 1933, 6: 53-65.

SKORIKOV A S. Vorläufige Mitteilung über die Hummelfauna Burmas[J]. Arkiv för Zoologi, 1938, 30B: 1-3.

SMITH F. Descriptions of some new and apparently undescribed species of hymenopterous insects from north China, collected by Robert Fortune, Esq[J]. Transactions of the Entomological Society of London, 1852a, 2: 33-45.

SMITH F. Descriptions of some hymenopterous insects from northern India[J]. Transactions of the Entomological Society of London, 1852b, 2: 45-48.

SMITH F. Catalogue of the hymenopterous insects collected at Sarawak, Borneo; Mount Ophir, Malacca; and at Singapore by A. R. Wallace[J]. Journal of the Proceedings of the Linnean Society of London, Zoology, 1857, 2: 42-88.

SMITH F. Descriptions of new species of hymenopterous insects collected by Mr. A. R. Wallace at Celebes[J]. Journal of the Proceedings of the Linnean Society of London, Zoology, 1861a, 5: 57-93.

SMITH F. Description of new genera and species of exotic Hymenoptera[J]. Journal of Entomology, 1861b, 1: 146-155.

SMITH F. Descriptions of aculeate Hymenoptera of Japan, collected by Mr. George Lewis at Nagasaki and Hiogo[J]. Transactions of the Entomological Society of London, 1873, 21 (2): 181-206.

SMITH F. Descriptions of new species of bees belonging to the genus *Nomia* of Latreille[J]. Transactions of the Entomological Society of London, 1875: 53-70.

SMITH F. Description of new species of Hymenoptera in the collection of the British Museum[M]. London: British Museum, 1879: 240

TAMASAWA S, HIRASHIMA Y. A new species of *Andrena* from Japan (Hymenoptera, Andrenidae) [J]. ESAKIA, 1984, 22: 103-105.

THOMSON C G. Opuscula entomologica. vol. 2[M]. Lund: Håkan Ohlson, 1870: 83-304.

TKALCŮ B. Neue Arten der Unterfamilie Bombinae der paläarktischen Region (Hymenoptera, Apoidea) [J]. Sborník Entomologického oddeleni Národního musea v Praze, 1968, 65: 21-51.

VACHAL J. Viaggio di Leonardo Fea in Birmania e regioni vicine. LXII. Nouvelles espèces d'Hyménoptères des genres *Halictus*, *Prosopis*, *Allodape* et *Nomioides*, rapportées par M. Fea de la Birmanie[J]. Annali del Museo Civico di Storia Naturale di Genova, 1894, 34: 428-449.

VACHAL J. Hyménoptères rapportés du Japon par M. Harmand. Mellifères (Quatrième mémoire) [J]. Bulletin du Muséum d'Histoire Naturelle (Paris), 1903, 9 (3): 129-132.

WESMAEL C. Observations sur les espèces du genre Sphécode[J]. Bulletin et Annales de la Société Royale d'Entomologie de Belgique, 1835, 2: 279-287.

XU H L, TADAUCHI O, WU Y R. A revision of the subgenus *Oreomelissa* of the genus *Andrena* of Eastern Asia (Hymenoptera, Andrenidae) [J]. ESAKIA, 2000, 40: 41-61.

XU H L, TADAUCHI O. A revision of the subgenus *Euandrena* of the genus *Andrena* of Eastern Asia (Hymenoptera: Apoidea: Andrenidae) [J]. ESAKIA, 2012, 52: 77-90.

YASUMATSU K. Hymenoptera II. Superfamily Apoidea[R]// Report of the first scientific expedition to Manchoukuo. 1935: 1-47.

学名索引

A

Amegilla korotoensis (Cockerell, 1911) ·········10
Amegilla velocissima (Fedtschenko, 1875) ········· 8
Andrena albopicta Radoszkowski, 1874 ········· 445
Andrena bentoni Cockerell, 1917········· 438
Andrena cineraria (Linnaeus, 1758) ········· 399
Andrena combinata (Christ, 1791) ········· 436
Andrena eversmanni Radoszkowski, 1867 ········· 424
Andrena ferghanica Morawitz, 1876········· 384
Andrena krishidai Yasumatus, 1935········· 372
Andrena latigena Wu, 1982 ········· 375
Andrena minutula (Kirby, 1802) ········· 402
Andrena minutuloides Perkins, 1914········· 407
Andrena nigricula Wu, 2000 ········· 412
Andrena pilipes (Fabricius, 1781) ········· 429
Andrena ruficrus Nylander, 1848········· 386
Andrena setofemoralis Wu, 2000 ········· 418
Andrena sichuana Xu & Tadauchi, 2012 ········· 389
Andrena sublisterelle Wu, 1982 ········· 378
Andrena tateyamana Tamasawa & Hirashima, 1984 ········· 395
Andrena transbaicalica Popov, 1949 ········· 434
Anthidium flavotarsum Wu, 1982········· 141
Anthidium kashgarense (Cockerell, 1911) ········· 144
Anthidium philorum Cockerell, 1910 ········· 138
Anthidium pseudophilorum Niu & Zhu, 2020 ······ 139
Anthidium qingtaoi Niu & Zhu, 2020 ········· 142
Anthidium xuezhongi Niu & Zhu, 2020········· 140
Anthophora plagiata (Illiger, 1806) ·········19
Anthophora quadrimaculata (Panzer, 1798) ·········15
Anthophora sinensis (Wu, 1982) ·········13
Anthophora spinitarsis Wu, 1982 ·········21
Anthophora waltoni Cockerell, 1910 ·········17
Anthophora wuae Brooks, 1988 ·········11
Apis cerana Fabricius, 1793 ········· 2
Apis laboriosa Smith, 1871 ········· 6
Apis mellifera Linnaeus, 1758 ········· 4

B

Bombus avanus (Skorikov, 1938)·········51
Bombus breviceps Smith, 1852·········24
Bombus difficillimus Skorikov, 1912 ·········69
Bombus eximius Smith, 1852·········30
Bombus festivus Smith, 1861·········32
Bombus friseanus Skorikov, 1933·········35
Bombus funerarius Smith, 1852·········48
Bombus genalis Friese, 1918·········25
Bombus haemorrhoidalis Smith, 1852·········50
Bombus incertus Morawitz, 1881·········37
Bombus infirmus (Tkalců, 1968) ·········54
Bombus keriensis Morawitz, 1887·········41
Bombus lemniscatus Skorikov, 1912·········57
Bombus lepidus Skorikov, 1912·········60
Bombus longipennis Friese, 1918·········27
Bombus miniatus Bingham, 1897·········44
Bombus nobilis Friese, 1905·········26
Bombus oberti Morawitz, 1883·········65
Bombus personatus Smith, 1879·········74
Bombus picipes Richard, 1934·········62
Bombus religiosus (Frison, 1935)·········29
Bombus rufofasciatus Smith, 1852·········45
Bombus sibiricus (Fabricius, 1781)·········66
Bombus tibetanus (Morawitz, 1887)·········78
Bombus trifasciatus Smith, 1852·········28

C

Ceratina dentipes Friese, 1914·········83
Ceratina splendida Shiokawa, 2008·········80
Ceratina unimaculata Smith, 1879·········84
Coelioxys conoideus (Illiger, 1806) ········· 132

Coelioxys elongatus Lepeletier, 1841 ·············· 135
Colletes bischoffi Noskiewicz, 1936 ·············· 306
Colletes floralis Eversmann, 1852 ················ 312
Colletes harreri Kuhlmann, 2002 ················· 317
Colletes haubrugei Kuhlmann, 2002 ············· 322
Colletes hedini Kuhlmann, 2002 ·················· 326
Colletes linzhiensis Niu, Zhu & Kuhlmann, 2014·······
·· 330
Colletes paratibeticus Kuhlmann, 2002 ·········· 333
Colletes pseudolaevigena Kuhlmann, 2002········ 338
Colletes sanctus Cockerell, 1910 ················· 343
Colletes splendidus Ferrari, Niu & Zhu, 2021 ····· 349
Colletes tibeticus Kuhlmann, 2002 ················ 350
Colletes tuberculatus Morawotz, 1893 ·············· 355

D

Dufourea armata Popov, 1959 ······················ 149
Dufourea calcarata (Morawitz, 1887)··············· 155
Dufourea longispinis (Wu, 1987) ···················· 156
Dufourea subclavicrus (Wu, 1982) ················· 151
Dufourea wuyanruae Astafurova, 2012············· 146

E

Epeolus tibetanus Meade-Waldo, 1913 ················87

H

Habropoda xizangensis Wu, 1979 ····················23
Halictus pulvereus Morawitz, 1874 ·················· 198
Halictus takuiricus Blüthgen, 1936 ·················· 192
Halictus vicinus Vachal, 1894 ························ 195
Heriades cancava Wu, 1982 ························· 129
Heriades parvula Bingham, 1897 ··················· 131
Hoplitis princeps (Morawitz, 1872) ··················· 128
Hylaeus creutzburgi Dathe, 2010···················· 366
Hylaeus karnaliensis Dathe, 2010···················· 360

L

Lasioglossum annulipes (Morawita, 1876) ········· 260
Lasioglossum apristum (Vachal, 1903) ············· 287
Lasioglossum blakistoni Sakagami & Munakata, 1990
·· 244
Lasioglossum dynastes (Bingham, 1898) ·········· 203
Lasioglossum exiliceps (Vachal, 1903) ············· 222
Lasioglossum kansuense (Blüthgen, 1934) ········ 208
Lasioglossum krishna (Nurse, 1901) ··············· 266
Lasioglossum lambatum Fan & Ebmer, 1992 ····· 272
Lasioglossum leucozonium (Schrank, 1781) ······ 214
Lasioglossum mandibulare (Morawitz, 1866) ····· 278
Lasioglossum occidens (Smith, 1873) ············· 217
Lasioglossum ochreohirtum (Blüthgen, 1934) ····· 225
Lasioglossum phoebos Ebmer, 1978 ··············· 228
Lasioglossum proximatum (Smith, 1879) ········· 234
Lasioglossum przewalskyi (Blüthgen, 1931) ······ 281
Lasioglossum sanitarium (Blüthgen, 1926) ······· 295
Lasioglossum scoteinum Ebmer, 1998 ············· 240
Lasioglossum splendidulum (Vachal, 1894) ······· 247
Lasioglossum taeniolellum (Vachal, 1903) ········ 257
Lasioglossum vagans (Smith, 1857) ··············· 252
Lasioglossum yamanei Murao, Ebmer & Tadaucgi ····
··· 301
Lepidotrigona ventralis (Smith, 1857) ················99
Lipotriches capitata (Smith, 1875) ················· 185
Lipotriches notiomorpha (Hirashima, 1978) ······· 186
Lipotriches pulchriventris (Cameron, 1897) ······· 187

M

Megachile argentata (Fabricius, 1793) ············· 108
Megachile circumcincta (Kirby, 1802) ·············· 114
Megachile habropodoides Meade-Waldo, 1912 ···· 117
Megachile lagopoda (Linnaeus, 1761) ············· 121
Megachile maritima (Kirby, 1802) ··················· 125
Megachile melanopyga Costa, 1863 ··············· 111
Megachile rotundata (Fabricius, 1787) ············ 109
Megachile rupshuensis Cockerell, 1911 ············ 113
Melecta emodi Baker, 1997 ···························89
Melitta harrietae (Bingham, 1897) ·················· 102

N

Nomada gyangensis Cockerell, 1911 ··················90

S

Sphecodes crassus Thomson, 1870 ················ 160
Sphecodes geoffrellus (Kirby, 1802) ················ 162
Sphecodes grahami Cockerell, 1922 ··············· 169
Sphecodes montanus Smith, 1879 ················· 172
Sphecodes scabricollis Wesmael, 1835 ············ 177
Sphecodes simillimus Smith, 1873 ················· 178
Sphecodes simlaensis Blüthgen, 1924 ············· 180

T

Thyreus himalayensis (Radoszkowski, 1893) ········92
Thyreus ramosus (Lepeletier, 1841) ··················91

X

Xylocopa dejeanii Lepeletier, 1841 ····················96
Xylocopa perforator Smith, 1861 ·····················95

中文名索引

A
阿熊蜂 …… 51
埃弗斯曼地蜂 …… 424
岸田地蜂 …… 372

B
白背熊蜂 …… 32
白唇地蜂 …… 445
毕氏分舌蜂 …… 306
扁胫杜隧蜂 …… 151

C
长尖腹蜂 …… 135
长距杜隧蜂 …… 156
长翼熊蜂 …… 27
尘绒毛隧蜂 …… 198
齿胫芦蜂 …… 83
重黄熊蜂 …… 62
穿孔木蜂 …… 95
刺跗条蜂 …… 21
刺腿地蜂 …… 418
粗糙红腹蜂 …… 177
萃熊蜂 …… 30

D
淡翅红腹蜂 …… 169
盗条蜂 …… 19
德氏木蜂 …… 96
东方蜜蜂 …… 2
短头熊蜂 …… 24

多毛地蜂 …… 429

E
颚淡脉隧蜂 …… 278

F
菲伯斯淡脉隧蜂 …… 228
绯地蜂 …… 384
弗里斯熊蜂 …… 35

G
甘肃淡脉隧蜂 …… 208
格尔纳利叶舌蜂 …… 360
沟脊孔蜂 …… 129
馆山地蜂 …… 395
光环淡脉隧蜂 …… 260
光亮芦蜂 …… 80

H
哈氏分舌蜂 …… 317
海切叶蜂 …… 125
赫氏分舌蜂 …… 326
褐毛淡脉隧蜂 …… 225
褐胸分舌蜂 …… 343
褐足淡脉隧蜂 …… 252
黑大蜜蜂 …… 6
黑地蜂 …… 412
黑凫淡脉隧蜂 …… 240
黑尾切叶蜂 …… 111
横贝加尔地蜂 …… 434

红跗黄斑蜂 …… 138
红束熊蜂 …… 45
红尾熊蜂 …… 50
狐条蜂 …… 15
花分舌蜂 …… 312
华丽分舌蜂 …… 349
黄跗黄斑蜂 …… 141
黄纹鳞无刺蜂 …… 99
惑熊蜂 …… 37

J
颊熊蜂 …… 25
江孜艳斑蜂 …… 90
捷无垫蜂 …… 8
金刷地蜂 …… 386
具皱淡脉隧蜂 …… 214

K
喀什黄斑蜂 …… 144
科罗顿无垫蜂 …… 10
克拉苏红腹蜂 …… 160
克鲁伊茨堡叶舌蜂 …… 366
宽颊地蜂 …… 375
奎师那淡脉隧蜂 …… 266
昆仑熊蜂 …… 41

L
蓝芦蜂 …… 84
类西藏分舌蜂 …… 333
类小地蜂 …… 407

中文名索引

丽切叶蜂 ······················· 117
联地蜂 ························· 436
林芝分舌蜂 ····················· 330
瘤唇地蜂 ······················· 378
瘤分舌蜂 ······················· 355
裸尖腹蜂 ······················· 132

M

马蹄刺杜隧蜂 ··················· 155
毛腿淡脉隧蜂 ··················· 244
美腹棒腹蜂 ····················· 187
猛熊蜂 ·························· 69
苜蓿切叶蜂 ····················· 109

N

拟拉埃弗雷纳分舌蜂 ············· 338
拟拉达切叶蜂 ··················· 113

O

欧布鲁日分舌蜂 ················· 322
欧熊蜂 ·························· 65

P

普氏淡脉隧蜂 ··················· 281

Q

青海杜隧蜂 ····················· 149
清涛黄斑蜂 ····················· 142
圈切叶蜂 ······················· 114

R

戎拟孔蜂 ······················· 128

若弗鲁瓦红腹蜂 ················· 162
弱熊蜂 ·························· 54

S

三条熊蜂 ······················· 28
山根淡脉隧蜂 ··················· 301
山红腹蜂 ······················· 172
圣熊蜂 ·························· 29
饰带熊蜂 ······················· 57
舐淡脉隧蜂 ····················· 272
双斑切叶蜂 ····················· 108
双叶光隧蜂 ····················· 195
水苏地蜂 ······················· 438
四川地蜂 ······················· 389
颂杰熊蜂 ······················· 26

T

塔库隧蜂 ······················· 192
条纹淡脉隧蜂 ··················· 257
头棒腹蜂 ······················· 185

W

瓦氏条蜂 ······················· 17
伪红跗黄斑蜂 ··················· 139
伪猛熊蜂 ······················· 74
无距淡脉隧蜂 ··················· 287
吴氏条蜂 ······················· 11
吴燕如杜隧蜂 ··················· 146

X

西伯熊蜂 ······················· 66
西部淡脉隧蜂 ··················· 217

西藏分舌蜂 ····················· 350
西藏回条蜂 ····················· 23
西藏拟熊蜂 ····················· 78
西藏绒斑蜂 ····················· 87
西方蜜蜂 ························ 4
西姆拉红腹蜂 ··················· 180
喜马拉雅盾斑蜂 ················· 92
喜马拉雅毛斑蜂 ················· 89
喜马拉雅准熊蜂 ················· 102
细弱淡脉隧蜂 ··················· 222
相似红腹蜂 ····················· 178
小齿突棒腹蜂 ··················· 186
小地蜂 ························· 402
小孔蜂 ························· 131
小雅熊蜂 ······················· 60
小足切叶蜂 ····················· 121
学忠黄斑蜂 ····················· 140

Y

耀淡脉隧蜂 ····················· 247
益康淡脉隧蜂 ··················· 295
银珠熊蜂 ······················· 44
印度淡脉隧蜂 ··················· 203

Z

葬熊蜂 ·························· 48
窄毛淡脉隧蜂 ··················· 234
爪叶菊地蜂 ····················· 399
枝盾斑蜂 ······················· 91
中华条蜂 ······················· 13